工程装备大中修
修竣质量检验技术

主　编　储伟俊　代菊英
副主编　何晓晖　李　宁　安立周

北　京
冶　金　工　业　出　版　社
2023

内 容 提 要

　　本书依据工程装备修理技术相关标准和大中修质量检查验收要求，结合工程装备结构特点和大中修实践，分类总结了工程装备大中修质量检验的相关技术方法。全书共 12 章，主要内容包括工程装备修理质量的内涵，修理质量检验的任务，修理质量检验的方法和手段，修理质量检验程序，工程装备整车修竣检验，发动机检验，液压元件检验，电气设备检验，紧固件及钢丝绳检验，电气绝缘材料检验，铸件、锻件、焊接件、热处理件与表面处理件的检验方法和技术及工程装备修竣质量检查验收箱组等。

　　本书可供工程装备修理相关领域的工程技术人员参考，也可作为工程装备、机械维修人员的培训教材。

图书在版编目 (CIP) 数据

　　工程装备大中修修竣质量检验技术/储伟俊，代菊英主编 . —北京：冶金工业出版社，2023.6

　　ISBN 978-7-5024-9525-1

　　Ⅰ.①工⋯　Ⅱ.①储⋯　②代⋯　Ⅲ.①工程设备—维修　Ⅳ.①TB4

　　中国国家版本馆 CIP 数据核字 (2023) 第 099862 号

工程装备大中修修竣质量检验技术

出版发行	冶金工业出版社	电　　话	(010)64027926
地　　址	北京市东城区嵩祝院北巷 39 号	邮　　编	100009
网　　址	www.mip1953.com	电子信箱	service@ mip1953.com

责任编辑　王梦梦　美术编辑　吕欣童　版式设计　郑小利
责任校对　梁江凤　责任印制　禹　蕊
三河市双峰印刷装订有限公司印刷
2023 年 6 月第 1 版，2023 年 6 月第 1 次印刷
710mm×1000mm　1/16；15.5 印张；302 千字；236 页
定价 99.00 元

投稿电话　(010)64027932　投稿信箱　tougao@cnmip.com.cn
营销中心电话　(010)64044283
冶金工业出版社天猫旗舰店　yjgycbs.tmall.com
(本书如有印装质量问题，本社营销中心负责退换)

前　　言

　　工程装备大中修修竣质量直接关系到工程装备的性能与作业效能，检查验收工程装备的修竣质量是工程装备承修机构和装备保障业务机关的重要工作之一。检验和修理是一个有机的整体，缺一不可，对修竣工程装备必须严格"把关"，以确保交付给使用单位修竣的工程装备合格可靠。因此，提高工程装备修竣质量检验技术具有十分重要的意义。

　　本书根据工程装备的一般性能技术要求，结合大中修修竣质量检验部门的实际需求及作者团队有关科研成果，按照国家和有关部门关于修理技术标准和大中修质量检查验收的规定编写，叙述了工程装备修竣质量检验方法和相关技术，可为使用单位、承修单位、检查部门检验修理质量提供相应依据，使工程装备修竣质量检验工作更加科学、系统，旨在提高工程装备大中修的质量。

　　全书共 12 章，主要介绍了工程装备修理质量的内涵，修理质量检验的任务，修理质量检验的方法与手段，修理质量检验程序，工程装备整车修竣检验，发动机检验，液压元件检验，电气设备检验，紧固件及钢丝绳检验，电气绝缘材料检验，铸件、锻件、焊接件、热处理件与表面处理件的检验方法和技术及工程装备修竣质量检查验收箱组等内容，并对工程装备质量检验常用方法与手段进行了归纳总结，确定了工程装备大修修竣质量检查验收方法和评定细则，以便于指导实际工作。

　　本书既可供相关领域检修现场及验收部门的工程技术人员参考，也可作为工程装备、机械维修人员的培训教材。

　　本书的编写工作参考了大量工程装备相关技术文献资料，在此一并向文献资料作者表示衷心的感谢。

　　本书由陆军工程大学储伟俊、代菊英任主编，何晓晖、李宁、安立周任副主编，参与编写的还有陆军工程大学张详坡、薛金红、刘晴、张靖、高立、张蕉蕉、邵发明、蒋国良，以及陆军装备部驻重庆地区军事代表局刘卫军、32184 部队李峰、32228 部队杜毛强等，全书由储伟俊统稿。

　　由于编者水平所限，书中不足之处，恳请读者批评指正。

作　者

2023 年 1 月

目　　录

1 工程装备修理质量检验概述

1.1 工程装备修理质量

1.1.1 修理质量基本概念

修理质量就是装备修理后所具有的使用价值。具体地说，修理质量是指修理后装备能满足人们的不同需要所具备的那些自然属性。这些属性既区别了装备的不同用途，又在不同程度上满足了人们的不同需要。既然工程装备修理质量反映了装备在使用过程中满足人们需要的特性，就应当从用户使用的观点出发，从实际需要出发，将修理质量解释为修后装备的适用性。所谓适用性亦即修后的装备在一定条件下，实现预定或规定用途的能力。

从质量检验的角度来说，修理质量的好坏反映修后的工程装备是否符合技术标准。符合技术标准的为合格装备，不符合技术标准的为不合格装备。应该强调说明的是，合格的不一定是高质量的，因为修理所依据的标准有先进的，也有落后的，所以要区别质量水平的高低，首先要看标准的高低。同时，在确定质量水平时，不能强求质量特性越"高"越好，更不能不计成本地无限度追求"高质量"，而是追求在一定条件下装备修理质量越高越好。

1.1.2 修理质量特性

所谓修理质量特性就是区别个体之间质量差别的性质和特点。这些质量特性是由承修单位通过一系列的技术转化工作，把装备的修理技术要求尽可能定量化表达出来，故也称这些定量化的质量特性为质量指标，它是评价修理质量的依据。修后装备的质量特性有些可以直接测定，有些无法测定，只能间接地用有关指标来表达。但无论是直接测定还是间接表达，都要尽可能地用定量化的质量指标来表达，这些质量指标，对于工程装备来说，就是通过修理技术条件来体现规范。

1.1.3 修理质量的形成

修理质量的产生和形成是一个客观存在的过程，是通过修理过程中一系列的工作和活动逐步形成的。修理质量形成的全部过程分为修理前、修理中和修理后三个阶段。其中修理前阶段包括工程装备入场、入场鉴定、编制作业方案和作业准备四个环节；修理中阶段包括整机清洗、总成拆卸、总成分解与清洗、零件检查与鉴定、零件修理、总成装配、调试磨合、整机组装、试车验收九个环节；修理后阶段包括交车、质量跟踪、质量与成本分析三个环节。每个阶段、每个环节相互影响又相互制约，每循环一次就意味着修理质量提高一步，周而复始，意味着修理质量的不断提高。

1.2　工程装备修理质量检验

1.2.1　工程装备修理质量检验

修理质量检验是对工程装备修理过程各阶段和各环节的一种或多种特性进行测量、检查、试验、计量，并将这些特性与规定的要求进行比较的活动。被检验特性符合规定的要求为合格品（批），不符合规定的要求为不合格品（批）。检验作为一种测量、比较及判定的活动，既适用于原材料、元器件、标准件、总成件及整装，也适用于单个装备或成批装备。与此同时，检验对生产过程中是否贯彻执行标准、生产规范等还负有监督职能。

1.2.2　工程装备修理质量检验的目的

工程装备修理是一个复杂的过程，在这个过程中，由于各种主客观因素的变化，必然引起修理质量的波动。例如，在修理过程中，随着时间的推移，操作者注意力集中的程度、体力的疲劳状况、工具设备的磨损、电源电压的波动、环境的变化等，都会引起修理质量波动。质量波动越小，修后装备的质量一致性就越好；质量波动越大，修后装备的质量一致性就越差。修理质量的波动性是客观存在的，问题是质量波动的大小是否超出了允许的范围，因此，就必须对修理质量进行检验。

工程装备修理质量检验是工程装备承修机构质量管理中的一项重要工作，而且是不可或缺的组成部分。工程装备大中修修竣质量检验技术是以修竣质量检查验收要求为依据，制定工程装备大中修修竣质量检查验收规程，规范和统一质量检查验收的手段和方法，提高质量检查验收的效率和准确性，是工程装备维修质量的重要保证。

在对待质量检验问题上，必须明确两个容易模糊的观念：（1）认为装备质量是设计、制造、修理出来的，而不是检验出来的，因而对检验工作不予重视，这个观念是不全面的。诚然，装备质量同设计、制造、修理密切相关，但质量的形成绝不限于设计、制造、修理这三个环节，正如美国著名质量专家朱兰所说，它是符合"质量螺旋"上升规律的，取决于所有相关单位、部门的质量职能。

其实，修理检验本身属于修理的范畴。修理和检验是一个有机的整体，修理检验是修理过程中不可或缺的环节，有修理工序就有检验工序。检验工序是整个修理工艺链中不可分割的环节，没有检验，修理过程就无法进行。（2）认为质量管理强调预防为主，要求把不合格品消灭在发生之前，而检验只不过是一种"死后验尸"，因而对待质量检验工作，认为可有可无，或者仅仅是一种辅助手段。持这种看法也同样是片面的，容易使人们的思想产生混乱。预防为主是针对质量管理的指导思想而言，它是相对于单纯的事后把关来说的。因为单纯的事后把关，只能发现不合格品，而不合格品即使被发现，其损失已经造成。因此，强调预防为主的思想，是完全正确的。但是，预防为主与检验把关，绝不是对立，而是相辅相成、相互结合的。它们的目标和对象也是各不相同的，"预防"是针对正在修理或尚未修理的产品，"把关"通常是对已经修竣的装备而言的。前者应力求通过预防，使修理的装备 100% 是合格品，而后者则是应该通过检验，严格把关，不使一个不合格品流入下道工序或使用部门。

1.2.3 修理质量检验内容

修理质量检验是按规定程序进行的活动，检验过程包括：

（1）明确标准。明确、熟悉和掌握工程装备的质量标准及检验方式方法，并作为测量、比较和判定的依据。

（2）测量。采用规定的计量器具、检测仪器，按规定的检验方法，对工程装备质量特性进行测量（或验查、试验、计量）。

（3）比较。把测量结果与规定的标准或要求进行比较。

（4）判定。根据比较结果，判定修理质量合格与否，也称之为符合性判定。

（5）处理。根据判定结果，对符合质量标准的合格品，办理接收手续；对不符合质量标准的不合格品，按有关规定进行管理。

（6）记录反馈。把所测量的数据做好记录，填好各种专用表格。经过整理、统计、计算和分析，按一定的程序和方法向有关领导和部门反馈修理质量信息。

1.3 工程装备修理质量检验的任务

工程装备修理质量检验工作的任务是：坚持"质量第一"的方针，对原材料、器材入厂直至工程装备修竣出厂及修后技术服务等各个环节，按照国家和主管部门颁发的各项质量法规及质量标准，采用科学的方法进行检验和监督。具体任务如下。

（1）对修理质量进行检验。依据装备修理技术条件，对修理质量进行检验、鉴别和判定，做出合格与否的结论，保证合格品向下道工序流转或提交用户。

（2）评定修理质量。通过质量检验，确定不合格品的缺陷状况及程度，为改进修理质量及不合格品管理提供依据。

（3）监督工序质量。通过首件检验、巡回检验、工序检验及对生产条件的监督检查，了解工序质量的受控状态，监督工序保持在稳定状态下进行生产。

（4）获取质量信息。通过质量检验收集质量数据，对质量数据进行统计、分析、计算，统计质量指标完成情况，分析质量变化趋势，为质量改进和质量管理活动提供依据。

（5）为质量仲裁提供依据。对供需双方的质量纠纷，上下工序之间的质量纠纷及其他方面的质量纠纷，通过质量检验，获得数据，为质量仲裁提供依据。

1.4 修理质量检验工作规范

修理质量检验工作规范如下。

（1）修理过程中的质量检验。从外购器材入厂复验、中间工序检验，完工零件检验直至修竣装备出厂前检验，都要严格按技术条件、技术标准、工艺文件进行检查验收。

（2）首件三检制。对于自制的零件，实行首件三检（自检、互检、专检）制。三检后必须有明显标志，防止发生成批性的不合格品。未经首件检验造成的不合格品由生产者负责。经首件检验错误造成的不合格品，制造者负制造责任，检验人员负错漏检责任。

（3）修理人员自检。修理人员要认真进行自检。自检合格的零件、总成方可向检验员交验。质量检验人员对交验的零件、总成应先进行抽验或全检。抽检合格率达不到90%的应全部退回修理者进行自检，然后接受再次交验。

（4）巡回检验。负责巡回检验的人员，应按规定的路线、项目、周期、程序、标准进行监督检查，并做好检查记录。

（5）工序检验。凡设置工序检验的，必须对本工序按规定数量、周期和项目进行检验，合格后才能转入下道工序。

（6）零件检验。对完工的零部件按技术文件进行检验，严防检验工序和检查项目发生漏检。

（7）总成和整机检验。总成装配时，检验人员要按装配规程规定的程序和检查项目，进行全面的检验和监督。对装复后的装备按规定进行各种装备试验，并要做出合格与否的结论。

2 修理质量检验的方法和手段

2.1 修理质量检验的分类和方法

在修理质量检验过程中必须选择合适的检验方式及方法。修理质量检验工作因其特点和作用不同分为多种不同的检验方式。选择检验方式和方法的原则应该是能够正确地反映被检验物的质量情况，有利于把好质量关和有利于修理工作的正常进行及有利于减少检验费用和缩短检验周期。应该根据产品质量特性和重要程度的不同与批量大小进行科学而合理的选择检验方式和方法，以保证检验结果的准确可靠。

2.1.1 修理质量检验的分类

修理质量检验的分类见表2-1。

表 2-1 修理质量检验的分类

分 类 标 志	检验方式	说　　明
按实施检验人员分类	自检	修理人员自己进行的检验
	互检	修理人员相互间进行的检验
	专检	专职检验员进行的检验
按修理流程顺序分类	入厂检验	对入厂原材料、元器件、标准件、配套件进行的检验
	工序检验	对半成品或零部件进行的检验
	成品检验	对成品性能、安全性、成套性、可靠性、外观等进行的检验
按检验的数量分类	全数检验	对待检产品100%地逐件进行的检验
	抽样检查	对交验批随机抽取一小部分逐个进行的检验
按检验工作地分类	固定检验	检验工作地固定的检验
	巡回检验	检验工作地不固定的检验

2.1.2 修理质量检验的方法

检测方法一般有官能检验和机械、物理、化学检验方法。

2.1.2.1　官能检验法

官能检验又称感官检验，它是依靠人的感觉器官（眼、耳、鼻、舌、皮肤）

去分辨、判别修理质量优劣的一种检验方法，是不使用"机械或物理化学"的方法，即依靠人的感觉器官来判定某一对象的一种反映值。它可以分为两类。一类是不受人的主观感觉的影响而依靠客观存在的物质特性来判别，如某种零部件的形状、重量、颜色等，它固有的质量特性与人类无关。对这一种官能检验称为第Ⅰ型感官检验，也称分析型感官检验。由于人的检查具有快速、便宜和方便等特点，目前对第Ⅰ型特性的感官检验，往往还是由人的感官来进行。另一类是受人的感觉、嗜好和偏爱影响的特征，如外形是否美观、色彩是否均匀等，这些特征往往因人而异，同样一种事物，对于不同的人来说，可能有完全不同的结论。将这类在很大程度上受人主观态度影响的感觉质量特性的检验称为第Ⅱ型感官检验，又称嗜好型感官检验。这种检验尽管人们也曾设法采用仪器来测定，但效果并不好。因此，还须通过人的感官来进行。第Ⅰ型感官检验在修理质量检验中经常被采用，主要用于入厂检验、工序控制和出厂检验；第Ⅱ型感官检验不常用，它主要用于质量设计或新品开发。

各类感官检验适应的比较见表 2-2。

表 2-2 各类感官检验适应的比较

感觉种类	对应的感觉器官	适应的刺激
视觉	眼睛	光波
听觉	耳朵	声波
触觉	皮肤	主要是物体的物理性质
嗅觉	鼻子	主要是气体的化学性质
味觉	舌头	物体的物理、化学性质
内部感觉	筋肉、内脏	主要指人体内的物理、化学性质

A 感官检验的内容

感官检验主要包括以下几个方面。

（1）视觉。是凭人的目测，对客观事物的性质做出判断。如对外观质量（外形、颜色、式样等）的检验。它很容易受检验人员的疲劳、心理因素、环境条件影响而发生错觉。

（2）听觉。是靠人的耳朵，对客观事物的音量大小做出判断。如对机器旋转噪声大小的判别，通过敲打机器部件的声音识别机件是否有裂纹或故障等，对于一个有丰富实践经验的检验人员来说，这种检验和判断往往具有很高的可靠性。

（3）触觉。是指用指尖或手掌、皮肤触及被检对象表面所得到的感觉。它可判别出软 - 硬、光滑 - 粗糙、干 - 湿、冷 - 热、刚性 - 塑性等性质。这种判断的准确度也是相当高的。实验表明，触觉给出的感官特性值（如密度、粗糙度等），同用仪表所测出的物理特性之对数值具有很强的相关性，其相关系数为 $\rho = 0.73 \sim 0.83$。

（4）嗅觉。是通过人的鼻子来反映物体散发出的气味香臭等。人类对气味的嗅觉极其敏锐，据说，人们所获情报之 90% 是通过嗅觉得来的。近年来虽然有了分析仪器，但也处于几乎不能达到与人的嗅觉相匹敌的状态。

（5）味觉。是通过人的舌头来反映物质的酸、甜、苦、辣。它是食品味道好坏的唯一检查方法。当然，不同的人对味道有不同的偏好，因此味觉一般属于第 II 型的感官检查。

（6）内部感觉。是靠人体的内脏、筋肉、平衡器官的感觉来反映被检对象的质量特性。如质量大小、运转平稳程度、压力大小等在不需要定量测定情况下可通过内部感觉来定性确定。

B　对感官检验的要求

修理质量检验人员在检验过程中对标准的理解，检验工作时的精神状态，感官的疲劳程度，心理因素和客观环境的影响等因素可能造成的偏差必须有合理的、适当的标准和界限，才能确保自感给出结果的可靠性。如利用视觉检验时，应特别注意心理、习惯、背景与光线明暗的影响，必要时应辅以仪器配合，以提高检验效果；对听觉检验，必须注意人的听觉因波长不同而异，随年龄大小而变化；利用触觉检验要注意人体皮肤对不同材料的接触感各不相同；嗅觉检验要特别注意人对气味的适应性。此外、感冒、鼻炎等疾病会使嗅觉失灵。味觉很容易受主、客观因素的影响，也有适应性，当比较两种味料时，味觉通常会因尝味先后而评价有误。味觉还有交互、对比和叠加效果也会引起评价失真。

C　感官检验偏差的估计

检验偏差的估计，一般从下面三个因素来考察：

（1）再现性就是检验人员前后数次检验同一批产品，其检验结果应大致相同，也就是不应受时间间隔和先后次序的影响。

（2）相容性即检验人员数次检验结果中，其自相矛盾的成分应低于一定的标准。

（3）标准性前面两个要求，只说明对检验人员具有必要的分辨能力，而标准性则是说明检验人员对标准的理解及其对各种质量特性所掌握的尺度是否符合社会规定的标准、是否与其他人员相一致。

2.1.2.2　机械、物理、化学方法检验

机械、物理、化学方法检验就是通过量具、量仪和测试设备测定几何量、热学、力学、电学、光学、磁学、声学和放射性等方面参数，从而对修理质量做出是否合格的判断。

A　量具

通常把没有传动放大机构的测量器具称为量具。按其用途和结构特征可分为：

（1）标准量具。用来传递量值及校对和调整其他测量器具的一种量具，包括量块、角度块、表面粗糙度样块等标准块。

（2）通用量具。按其作用原理又可分为游标量具、螺旋测微量具、黏度通用量具三大类。

1）游标量具。游标量具有游标卡尺、游标高度尺、游标深度尺和游标角度尺等几种，它结构简单，使用方便，是机械加工中广泛使用的一种量具。

2）螺旋测微量具。它是借助测微螺杆与螺纹轴套作为一对精密螺纹偶合件，将回转运动变为直线运动的量具，它种类很多，按其用途有外径、内径、深度、螺纹、板厚、V形千分尺等。

3）其他通用量具。如平板、方箱、直角尺、水平仪、正弦尺、样板直尺、塞尺、半径样板和螺纹样板等。

（3）专用量具——量规。量规是一种没有刻度的专用量具，用它检验产品，只能判断零件是否合格，而不能得到具体的尺寸数值。量规具有结构简单、成本低、检验效率高、对操作者的技术水平要求不高等优点，在生产中得到了广泛应用，量规的种类有：

1）光滑极限量规。它是用于检验被测零件的孔径或轴径是否在规定的极限尺寸范围内的量规。检验孔径的称为塞规；检验轴径的称为卡规或环规。塞规或卡规一般是"通规"和"正规"成对使用。根据光滑极限量规的不同用途和使用对象，还可分为工作、验收、校对三种量规。

2）长度、高度及深度量规。它们分别是检验长度、高度、宽度和槽及孔的深度用的量规，也称直线尺寸量规。

3）特形量规。检验工件的复杂轮廓（由直线、曲线组成的几何形状），常使用的样板称特形量规。样板有间隙式和叠合式两种。

4）综合量规。它是模拟被测工件在装配极限情况下的一种标准相配件，用以控制图样上给定的被测要素的最大实体边界（MMC边界）或实效边界（VC边界）。当工件的尺寸公差与形位公差之间遵守相关原则时，一般采用这种量规检验。

B　量仪

通常把具有传动放大机构的测量仪器称为量仪。按其工作原理可分为：

（1）机械式量仪。其工作原理是将仪器测量杆的微小直线位移通过适当的传动放大机构放大后，转变为指针的角位移，最后由指针在刻度盘（刻度尺）上指示出相应的示值。

（2）光学机械式量仪。包括：具有望远光学系统的光学量仪，具有显微光学系统的光学量仪，具有投影光学系统的光学量仪。

（3）气动量仪。它是利用气体在流动过程中，某些物理量（压力、流量、流速等）的变化来实现对几何量测量的一种量仪。用途较广的气动量仪有压力式和流量式两大类，前者是用压力计指示被测量值的变化，有水柱式、水银柱式、波纹管式和薄膜式等压力式气动量仪。

（4）电动量仪。该量仪是用电量的变化来测量几何量的变化的一种量仪。它具有精度高、灵敏度高、能实现远距离测量、能按照测量对象的需要改换分度值和示值范围（换挡）、易于实现自动测量等优点。

2.2　检测手段的选择

修理质量检验，不管是单项检验或是综合检验，测定时，除某些感官性检查外，都需要用专用或通用量具、量仪和测试设备，经过检测才能做出是否合格的判断。因此可以说检测手段就是测定几何量、热学、力学、电学、光学、磁学、声学和放射性等方面参数所需各类专用或通用量具、量仪和测试设备的总称。

2.2.1　检测手段选择的原则

2.2.1.1　测量器具的选择原则

测量器具的选择与被测量对象的精度要求、尺寸大小、结构形状、材料与被测表面的位置有关，因此，要使所选用的测量器具合理，应在保证测量精度要求的基础上，选择既适合结构特点，又方便、经济的测量器具。

为使测量器具的选择合理，还必须注意到测量安全裕度值的大小（其中包括测量不确定度值的确定）。安全裕度的大小直接关系到能否确保测量结果不因测量误差而超出极限。

为使测量器具选择的合理，还要注意到对测量器具检测能力的选择。为了合理选用量具，一般应用10:1法则，例如，如果工件的准确度为±0.01时，则要求量具准确度应为±0.001，而校准量具的准确度应为±0.0001。

2.2.1.2　测试仪器、设备的选择原则

测试仪器设备的选择，总的说来和测量器具的选择原则是一致的。为了保证测试结果准确、可靠，对测试仪器设备的技术要求如下：

（1）有足够的准确度和精密度。

（2）有合适的量程和量度的可分性。

（3）有足够的强度、耐用性和过载能力。

（4）耗能低、备件齐。

2.2.2　检测手段选择的方法

2.2.2.1　测量器具的选择方法
测量器具的选择方法如下。

（1）根据实践经验选。在检测数量很大时，一般宜选用先进的高效率的专用量具，即使结构复杂、价格更贵，在经济上往往也是合算的；在单件、小批量检测中，除少数特殊情况外，一般宜选用通用量具、量仪或标准极限量规。

（2）按照国家有关标准要求选。即按测量器具要求的安全裕度和测量不确定度允许值来挑选。一般原则是：要求选用的测量器具不确定度应小于或等于标准规定的测量器具不确定度允许值。

（3）对于没有标准可循的测量器具的选择。应使所选用的测量器具的极限误差约为被测量允许误差的 1/10～1/3，对低精度工件取 1/10，对高精度工件则取 1/3 甚至 1/2。

2.2.2.2　仪器仪表和测试设备的选择方法
根据工艺文件要求和被测对象的实际情况，在确定合适准确度、精密度前提下，再对量程和量度的可分性进行选择。如仪表，为保证测量结果的准确性，通常应使被测量的大小为仪表测量上限的一半以上。其次是对能耗、价格、运输费用等经济指标及安全性、适用性、服务性进行择优。最后确定出满意且适用的型号、规格来。

3 工程装备修理质量检验程序

检验工作程序化是顺利地开展工程装备质量检验，充分发挥检验部门预防、把关、报告职能的前提条件。

3.1 检验技术准备工作

承修单位在修理计划下达后，检验技术准备工作和修理部门的技术准备工作是同步进行的，做好检验技术准备工作是顺利地开展检验工作的保证，是保证修理质量的重要前提。

3.1.1 审查修理工艺

质量检验部门审查修理工艺的主要内容有：

（1）检验流程的合理性和工序流动卡编制的完整性、可检查性。

（2）检验点（站）设置。

（3）检验项目完整性及要求的合理性。

（4）检验用工、卡、量、仪设置的合理性。

（5）关重项点检验的完整性。

（6）对特种工艺参数进行监督的要求。

（7）检验方式和方法的确定等。

根据上述内容进行审查的过程中，对一些不符合技术要求的内容，可与修理技术人员充分协商，确保检验人员按技术要求能够达到严格把关的目的，防止错检与漏检。

3.1.2 检验人员上岗前培训和资格认证工作

随着科学技术的发展，武器装备的复杂程度也随之增加，这样一来给修理者和检验员增加了难度。为了保证检验工作质量，检验人员上岗前必须进行培训和资格认证。

3.1.2.1 检验人员的培训内容

由于工作性质的不同，检验人员的培训工作大致包含：

（1）工程装备工作原理、结构、性能。

（2）工程装备的验收技术条件、质量要求、检验过程中应注意的事项。

（3）关重项点的要求。

（4）一般检验业务性的培训，如各种表单的正确填写方法、流转方式、交验程序等。

（5）检验人员政治思想、职业道德的培训，党和国家关于质量方针、政策的教育。

（6）新的检测技术的学习。

（7）熟悉检测工艺，加强实际操作技术培训等。

通过上述内容的培训工作后，使每个检验人员对自己所检的装备心中有数，这样就可以有目的地完成预防和把关任务。除正规的有组织、有计划地培训外，在日常工作中要做到"缺什么、学什么，要什么、补什么"。

3.1.2.2　检验人员的资格认证工作

质量检验人员经过培训考核，证明能胜任质量检验工作，方可发给操作合格证和质量检验印章。无证者不能上岗检验。

从事特种工艺检验的人员应经过专门培训，其工作岗位应相对固定。

3.1.3　编制检验记录卡

检验工程技术人员在熟悉技术条件、修理工艺的情况下，要着手编制检验记录卡，这里所指的检验记录卡就是指部件、整机的检验记录卡。检验记录卡应说明检验对象的名称、编号、验收要求、检查结果及操作者、检验员（驻厂代表）等签字栏。这样可防止检验人员在检查过程中的漏检，且便于存档，从而达到了可追溯性的目的。

3.1.4　编制外购器材复验指导书

外购器材进厂复验项目由技术部门确定。当项目确定后，检验部门根据装备修理技术条件要求编制外购器材复验指导书，在征得技术部门同意后，用于指导校验员进行复验工作，如果本部门缺乏复验条件，可委托有能力的单位进行复验，或进行装机试验。

3.2　检验管理准备工作

修理质量检验工作涉及各个修理环节，检验人员分散，给检验管理工作带来难度。因此在修理计划确定之后，就要对其管理工作进行认真准备。检验管理准备工作大致分两方面：一是制定工作制度与程序，二是检验印鉴的管理。

3.2.1 制定检验工作制度与程序

3.2.1.1 检验工作制度与程序的内容

检验工作制度与程序的内容大致包括以下几方面：

（1）检验人员质量责任制。

（2）检验对象交检验收程序。

（3）检验合格证的流转程序。

（4）检验部门与驻厂代表联合验收规定。

（5）检验档案的归档内容。

（6）不合格品的审理程序。

总之，工作制度和工作程序的制定要使每个检验人员明确自己的工作任务与要求，对自己应该做什么，按照什么标准做，做到什么程度为好，以及为什么要这样做，都应有透彻的了解。这样对检验体系的有效运转是大有好处的。

3.2.1.2 制定与执行程序

检验工作制度、程序的制定与执行程序如下：

（1）检验部门的负责人根据检验对象的重要性和复杂性，制定工作制度与程序大纲。

（2）检验部门根据大纲制定详细的工作内容与程序。

（3）检验部门发文下达到检验室或有关单位。

（4）各检验室根据文件精神组织检验人员进行学习贯彻。

（5）检验部门派一部分人员深入现场了解文件执行情况和进行统计考核。

（6）修改文件，把正确部分纳入质量管理手册。

3.2.2 检验印鉴的管理

使用质量检验印章是用以表示检验对象已经经过检验或验收。为显示各类产品的质量状况，各种质量证明文件必须加盖质量检验印章、印记。

3.2.2.1 检验印鉴分类

检验印鉴分为印章与印记两种类型：

（1）检验印章指修理过程及装备修竣出厂办理质量证明文件时，为保持文件的效力或进一步明确文件的属性的专用章，如"合格证"上加盖"合格专用章"，检验单上加盖"检验合格"等。

（2）检验印记指装备修理过程中，检验工在该工序修理质量验收后，在各种流转卡片或零（部）件上打（盖）的个人责任印记，如检验员代号印记、超差品处理印记、废品印记等，检验员代号一般按所在修理工间代号和检验工工号组成。

3.2.2.2　检验印鉴的管理程序

检验印鉴的管理程序如下。

（1）各种检验印鉴统一由检验处（科）技术室（组）指定技术人员设计图样，经技术室主任审核、处（科）长批准制作。

（2）检验处（科）管理室按技术室经审批后提供的印鉴图样，同使用单位落实需要计划，指定专人办理请制手续，送承制单位或向外定制，并负责印鉴的发放。承修单位应建立《印鉴发放登记册》详细记载全处各种检验印鉴的分发情况。

（3）检验工段（或室、站）管理员负责本单位印鉴领取和发放工作，并建立本段检验人员使用印鉴登记表。

（4）检验人员调出工厂，应收回其个人印鉴，并在登记册上注销作废。

（5）遗失检验印鉴的检验人员，应作深刻检查，经领导批准后注销原印鉴，另发新印鉴，其号码不能与原印鉴相同。

检验印鉴是检验人员开展质量检验工作、履行检验职能，维护出厂装备质量的凭证，在印鉴使用过程中，应妥善保管和正确使用，不得转借和伪造。

3.3　检验验收前的准备工作

3.3.1　明确检验人员的岗位责任

检验室主任根据检验部门的技术、管理准备工作的布置与要求，结合本室所检查验收任务的工作范围，首先应明确检验人员的岗位责任，其程序如下。

（1）制定本室人员组织机构图，根据检查验收范围确定检验人员的工作岗位、验收项目。责任明确，能防止工序的漏检，有利于对检验人员工作的业绩考核。

（2）确定固定检验、巡回检验、抽查检验的人员，明确检验项目，检查频次及有关记录的要求。

（3）制定首件检验项目的计划与工作程序的要求，并确定对所负责的检验范围内的工作环境、工作介质、特种工艺所要求严格控制的工艺参数、方法等监督项目，并落实到具体人员，从而保证全过程处于受控状态。

3.3.2　检验前的"三核对"

检验前的"三核对"包括：

（1）核对检验项目。对照修理技术要求核对修理工艺中所确定的检验项目是否齐全和符合实际要求，这一过程也是检验人员学习修理工艺的过程，也是检验技术准备工作的重要把关过程，当发现问题时可及时报告，并纠正错误。

（2）核对工序流动卡或装配检验记录卡。核对工序流动卡或装配检验记录卡上的内容是否与实际检查对象要求相符，这样可避免错工序、漏工序的发生，确保被检对象检验记录的可信度，便于质量跟踪。

（3）核对工、卡、量、仪。对照修理工艺核对工、卡、量、仪，便于检验人员熟悉自己岗位上所使用的工、卡、量、仪使用方法，以及监督这些工、卡、量、仪的使用和检定周期。

3.3.3 各种检验记录卡和单、证的准备

为记载检验数据和反映检验工作量，在检验工作开展之前应准备下列一些记录单、卡、证等。

（1）检验记录卡。

（2）检验台账。

（3）检验过程中错、漏检记录。

（4）质量日报。

（5）拒收单，返修、废品、超差利用品单据。

（6）关、重零部件质量跟踪卡。

（7）各种质量统计报表。

检验人员应按检验管理业务的要求认真填写，字迹清楚，书写整齐，不漏项，不错项。这些要求可供检验部门作为考核检验人员工作质量的依据。

3.4 进厂器材检验

外购器材的质量和交货期等，直接影响总装厂装备的质量。工程装备产品可靠性、安全性和经济性要求高，相应地对外购器材提出更高的要求，因此择优采购器材及严格把好器材入厂质量关有着重要的意义。

3.4.1 进厂原材料的检验

对入厂原材料应按其技术要求和标准规定的抽样方法或双方签订的合同所要求的质量条款内容进行检验。

（1）原材料进厂后由供应部门填写"材料请验单"并将其与"产品的质量证明文件"一并交驻库检验员。

（2）驻库检验员接到"材料请验单"和产品的"质量证明文件"应进行两项核对。

1）核对"质量证明文件"与实物品号、规格，状态、炉号、件数、重量是否相符，包装是否完好。

2）核对"质量证明文件"与资料规定的品号、规格、状态及零件特殊要求是否符合。

核对中任一项不符合，即向供应部门点交员讲清原因并退还"质量证明文件"和"材料请验单"。

（3）检验员填写材料进厂验收登记表并分类编号。

（4）检验员填写原材料检验总表后对产品进行包装标志检查和参照有关技术条件对产品抽验，将检验结果填写材料检验总表，并将质量证明文件附后。

（5）各种产品用原材料填写产品材料检验报告总表，该表可根据企业的特点编制。

（6）按下列要求取样：

1）国内生产的原材料按《原材料使用技术条件及进厂复验项目》的规定取样复验。

2）进口原材料按产品零件的要求取样复验，其余按"质量证明文件"上保证的条款要求取样复验。

3）工具材料的复验项目按"金属材料管理制度"规定执行。

4）取样尺寸、件数按原材料取样守则进行。

5）由供应部门深入协助驻库检验员取样，并在试样上打上取样编号或挂样牌。

6）由检验员填写"原材料托验单"随同试样、检验总表和质量证明文件一并交送样工，送样工交理化室收样人员清点试样，并在托验单上签字。

7）理化试验完毕，将试验数据填在检验总表上，送样工取回检验总表，分别送有关技术部门（驻厂验收代表）签署意见。

原材料试验若有不合格项目，应按规定加倍取样复验，若仍然有一项不合格应由检验技术员填写"不合格原材料鉴定结果通知书"一式三份送两份给供应部门，一份贴附在该批不合格材料检验总表上，并退还"质量证明文件"和"材料请验单"给料库。库管员在"不合格原材料鉴定结果通知书"存根上签字。

（7）原材料验收入库管理监督：

1）原材料复验合格并签字后，送样工将检验总表送给驻库检验员（和驻厂代表）验收。

2）驻库检验员将"材料请验单"交供应部门库管员，其余的检验总表和"质量证明文件"由检验员自存。

3）供应部门对材料点交后，随同检验总表和材料验收单交库管员，库管员签字，并将进库材料妥善保存。

4）验收合格后的原材料必须按类别、用途、品号、炉号、规格等分放在料架或指定位置（地方），未经验收的原材料不准入库。

5）入库的原材料应按标准规定注上醒目的标志或挂牌。

6）驻库检验员在监督检查库存原材料中，发现锈蚀变质和混料时及时向有关人员提出，要求采取措施及时解决。

（8）原材料出库质量控制：

1）车间领料时，驻库检验员接到库管员给的领料单后，要进行三核对：

① 核对领料单与技术文件规定的产品件号、类别、品号、规格是否相符。

② 核对技术文件与发出材料类别、品号、规格、状态是否相同。

③ 核对发出材料与领料单上写的类别、品号、炉号、取样编号、规格是否一致。以上发现其中任一项不符合时不得发料。

2）原材料出库时必须经驻库检验员按有关技术条件进行出库复验。金属材料出库时，除有色金属外均应100%进行火花鉴别，合格后才能发出。同时填写"原材料发出登记表"，并开具材料合格证。

3）调拨外厂的原材料，开具"原材料质量证明书"。

4）材料投产后发现质量问题，由管材料库的检验技术人员及时配合有关单位查明原因协助解决。确属原材料造成的，按"不合格器材退货制度"的规定办理。

（9）代（利）用材料的审批程序：

1）代（利）用原材料的手续按原材料代（利）用审批程序的规定执行。

2）发代（利）用材料时，由检验工填写"代用材料分批管理卡"。

3.4.2 外购外协件的检验

外购外协件的检验包括首件样品检验或成批外购外协件的检验。

（1）首件样品检验。首件样品检验工作至关重要，通过对样品检验确认是否符合产品图样及技术条件的要求，为评价供货厂的质量保证状况和是否具备批量生产能力。对于已签订供货合同，并已供货，由于产品图样、生产工艺（或工装）有重大改动需重新检验的产品，按下列程序进行检验：

1）被需方确认为符合配套协作的企业，方可签订供货意向书或试制协议，由需方提供产品图样或毛坯图样、实物样品和进行技术交底，向供货方提供的产品图样或实物样品必须经产品设计部门校核签字认可。

2）供方生产出零部件样品后，将零部件按产品图样和技术条件对尺寸、性能进行全面的检（试）验，并将其数据填写入自检报告书，全面检验合格后，提供一定数量零部件样品（需作破坏性检验的数量可适当增加）和自检报告书，交需方。

3）需方收到样品和自检报告书后，填写"配套外购外协件到货通知书"，将样品自检报告书和"配套外购外协件到货通知书"交检验主管技术员验收。

4）检验部门收到样品和自检报告书后，由修理技术室，按规定的鉴定项目、检验方法和检测手段，对照图样、技术要求进行测试和鉴定。

5）鉴定合格的样品，修理技术室、质量检验室各存一件，作为今后供方交货的质量标准。

6）供方接到通知后，方可按鉴定书结论要求进行生产。

7）首件样品鉴定不合格时，由需方按鉴定组的结论通知供方改进后重新按上述程序送样鉴定。

（2）成批外购外协件的检验。对入厂外购外协件，按工艺文件的规定进行全数检验或抽样检验。

3.4.3 辅助材料的检验

辅助材料为原材料的一部分，所以对原材料入厂检验的内容也适用于入厂辅助材料检验。

3.5 工 序 检 验

工序检验是修理质量检验过程中工作量大、涉及面广，是整个检验工作的基础，要认真组织与实施。为便于叙述，本书把工序检验过程分为修理检验过程与装配检验过程。

3.5.1 修理检验

修理检验工序长，而且有时工序之间要穿插进行，工作量大。

（1）修理后的零件，在使用前必须进行首件检查，首件检查全部合格后，才能继续修理。若发现不合格品时，应查明原因，改进后重新进行首件检查。首件检查目录由检验部门确定，首件检查合格后检验员要填写首件检查确认单，并在零件上做出标记，修理者可根据首件检查合格结论进行生产，并妥善保管首件作为备查用。

（2）修理人员已执行首件检查，并在修理过程中按工序流动卡上的要求进行自检。

（3）修理零件的合格率达90％以上才允许向检验部门交验。

（4）交验的零件，工人按自检情况，把不合格品与合格品分开堆放。

（5）检验人员根据工序流动卡上面要求的检查内容按规定进行检查，合格后开具合格标签随零件下转。

（6）检验人员按要求在各工序上进行巡回检查和工艺监督，并将巡回检查的结果填到"工序抽验登记表"上，见表3-1。

表 3-1　工序抽验登记表

月　日	时间	件号	工序	操作者	抽检数	合格数	不合格数	不合格情况	备注

　　（7）检验室按工序抽验登记表记录的数据进行统计，根据统计结果对修理质量低的工序视情况设置固定检验点进行质量把关，并协助操作者提高加工质量，因此工序间固定检验点的设置是根据下道工序的反映和本道工序抽查结果而定的。

　　（8）固定检验点的设置也可根据产品的特性要求而设置，如关键、重要工序可设置固定检验点等。

　　（9）检验人员除首件检查、巡回检查、固定检验点的检查之外，还要对现场进行监控，并且要将监控内容记录下来。

3.5.2　装配检验

　　装配工序质量对装备的整机质量具有决定性的影响，为保证装配质量，一般在每道装配工序上均需设置检验，其检验程序如下：

　　（1）修理人员装配工作结束后要按部件技术要求进行全面自检，确认合格后向检验员交验。

　　（2）检验员在检查部件前要详细核对上道工序转下来的检验记录，检查工序呈交情况、故障排除情况及是否有允许下转的结论等，确认上道工序完成后，再对照检验记录要求检查本工序的装配情况。

　　（3）检验员在检查过程中认真填写检验记录，尤其是试验工序要把所有的试验数据按要求清楚地填写到记录上，发现故障要写明故障原因，待故障排除后，责任者要签字，检验人员认可后盖章下转。

　　（4）检验员在检查过程中严格按检验记录内容进行。检一项填写一项，防止漏检。

　　（5）对有驻厂代表验收的项目，检验员检查合格后要向驻厂代表提交产品进行验收。

　　（6）对于不宜单独检查验收的项目，检验员要与驻厂代表进行联合验收，合格后双方要在检验记录上签字。

　　（7）对设有关、重工序的检验，检验人员应按要求进行严格把关，并填写必要的单据，供检验质量统计使用。

（8）检验人员要认真填写检验台账，记录自己所检工序的质量状况。

3.6　修　竣　检　验

修竣检验是装备出厂或入库前的最后一次检验，必须按装备技术条件和验收技术标准进行全面的检验和试验，不准随意增减检验项目及改变检测规则和试验方法。

3.6.1　外观检验

外观质量是指为装饰、防锈、防蚀、隔热、耐磨而涂镀在整车各零部件表面的油漆涂层、电镀层、化学处理层及各焊接件外露部分的焊点、焊缝等的质量。装备外观质量的评定具有一定主观性，为减少这种主观性，提高检验质量，对感官检验的项目、对象要求必须明确、具体。例如：

（1）整车油漆涂层，不应有裂纹、起泡、脱落、生锈、麻点、颗粒、流痕、起皱、橘纹、针孔、划伤、露底杂漆等缺陷，要求漆层应平整、光滑、色泽均匀一致和装饰线条的平直度等。

（2）电镀层及化学处理层，不应有锈蚀、露底、鼓泡、剥落等，应光亮平滑。

（3）焊接件的焊点，焊缝不应有漏焊、夹渣、气孔、咬边、焊瘤、烧穿、凹坑、未焊满、塌焊、裂纹等。

3.6.2　精度检验

对不同的工程装备其精度要求也不同，在检验装备的精度时，应遵循工程装备标准中所要求的检验项目和方法进行。工程装备的精度检验，一般包括几何精度检验和工作精度检验两方面。

3.6.3　性能检验

工程装备的性能检验是鉴定其质量的一个重要环节。工程装备在调试过程中和出厂之前都要进行严格的检验和性能试验，以评定其性能是否完全满足规定的修理技术指标。

3.6.4　资料的汇总

在工程装备的检验过程中，其外观、精度、性能等按其标准要求进行逐项检验或试验的结果，由质量检验部门把质量检验记录、各项试验报告包括质量分析认真整理汇总存档备查，并报上级主管部门。

通过资料的汇总，对其进行分析研究，找出产品存在的问题，并提出具体的改进措施和建议。

产品检验资料汇总的主要内容：

（1）存在的缺陷。

（2）分析修理质量变化的原因。

（3）研究修理质量与质量成本之间的关系，以寻求修理质量的最佳水平。

（4）为推进全面质量管理工作提供依据。

（5）制定明确的改进修理质量目标。

3.7 修理质量检验档案管理

修理质量检验档案包括检验管理、修理质量和检验技术文件三大类，包括承修单位在修理过程中全部产品的检验数据和检验依据，因此搞好修理质量检验档案的管理工作是追溯修理质量的重要手段。

3.7.1 检验记录

用于修理过程的检验记录种类很多，对于不同的修理环节，有不同的检验记录，常用的检验记录有下列几种。

（1）外购器材入厂检验记录。用于外购外协件及配套件进厂检验，它是以时间流水账形式记录下零件各批次的检验结果。这类记录又按其不同用途分为多种记录，其主要内容一般有用途（指用于何种产品上）、件号、名称、数量、来源、规格、型号、验收标准、生产日期、外观及尺寸检验结果，内在质量鉴定试验项目、结果、检验工、单位负责人签字、制表人签字、检验日期等。出现不合格项目时，还有修理技术部门、检验部门及驻厂验收代表协商处理意见并签字等栏目，它既是检验原始记录又是作为超差项目协商处理协议。

（2）工序检验原始记录。这类原始记录随不同的工种特点，其内容差异也较大，常用的可分为以下几种：

1）修理零件检验原始记录。这类记录以日期顺序将宏观的修理零件验收情况和检验工活动情况都可以详细地反映出来。

2）关、重零件主要尺寸检验记录，它用于对修理质量性能影响较大的一些重要尺寸。检验工在根据修理工艺规程和技术标准进行检验过程中需要逐项认真记录出检验数据。

3）探伤报告单，作为考核修理零件内部缺陷的结论性单据，也应由检验部门收集保管。

（3）修后零件入库检验记录。检验工对完工入库零件进行全数或抽验，以日期的顺序记录入库零件的检验情况。其记录内容一般包括零件名称或代号、零件号、交验人、检验结果、检验工签章及日期等。

（4）总成装配检验记录和修竣装备检验记录。这是在工程装备部件或总装过程中，检验工根据装配工艺及检验操作规程要求进行检查，并将检验结果逐项记录在装配检验流转卡片上，随工序流转到部件装配完工后，将流转卡片收集整理按时存档保管作为该装备的质量档案。它的内容包括：产品名称或代号、序号、检查部位、项目要求、结果判定、存在问题、检验工签章及日期等。

原始记录的形式很多，这里不逐一举出，总的原则是按修理具体情况和质量问题可追溯性的要求来设计原始记录。

3.7.2　检验合格证书

合格证书内容一般应有修理单位名称（或代号）、装备名称型号（或代号）、修理类型、修理日期、签章等。

3.7.3　质量分析报告

这里所指的质量分析报告重点指以下三个方面：

（1）向上级主管机关上报修理质量指标完成情况及修理质量情况分析的月报、季报和年报。这是按要求内容定期由检验部门统计、分析后在次月（季或年）初向上级主管机关报送。

（2）重大质量事故及问题报告。按照有关工业部门检验工作条例规定的事故及问题标准，承修单位在出现重大质量事故或问题后，首先用电话报告，再写出事故或问题专题报告送主管领导机关。

（3）承修单位内部修理质量问题分析报告。它是提供单位领导和有关职能部门的质量报告，可以是专题性的，就某一修理质量问题，详细分析其产生原因、严重性、危害性，并提出应采取措施及处理意见等建议；也可以是综合性的，就当前普遍存在的修理质量问题或某些带有倾向性的质量隐患等，通过对检验原始记录、资料的综合统计分析、归纳汇总后写出报告定期或不定期地向有关部门或主管领导提供信息作决策参考。

3.7.4　修理质量检验档案的管理

修理质量检验档案的管理内容：

（1）归档资料的保存期一般为3年或5年。

（2）对上报修理质量指标及修理质量分析月报、季报、年报、重大质量事故及问题报告等，除单位档案室集中保存外，检验部门应有专人负责集中管理上述档案资料。

（3）建立必要的归档程序和借阅办法。

（4）订立各类资料的保管期限及报废销毁程序。

（5）对归档资料及时地进行分类、编目和整理工作，按保密要求对修理质量档案妥善管理。

3.8　修理质量统计与考核

3.8.1　修理过程的质量统计

在整个修理过程中，修理质量统计应围绕保证质量为目的，统计各个修理环节的不合格品及有关质量情况。统计内容还有：原材料、外购件和配套件的质量统计，给供应部门提供最佳协作配套厂家质量信息，反馈协作配套厂的质量情况。

（1）检验组质量统计。检验组负责所在工间当天修理过程的质量统计（工序质量统计和个人质量统计）。管理原始单据，及时传递所在车间的重大质量事故和质量信息。

（2）检验室（站）质量统计。检验室（站）负责所在各工间当月修理过程的质量统计。其主要内容有：零件修理质量统计、部件修理质量统计、修竣装备质量统计、退修品统计、关重工序质量统计、超差品利用统计、废品统计、质量事故统计等。

（3）检验处（科）质量统计。检验处（科）负责按上级主管部门下达的修理质量指标考核内容和单位的修理质量考核计划，开展质量统计分析，并负责对单位的质量统计员业务技术指导。

3.8.2　质量统计的工作程序

质量统计的工作程序：

（1）确定进行修理质量考核对象，是质量统计的先决条件。

（2）根据上级主管部门下达的考核指标值，结合该装备的性能和用途等具体情况，确定考核指标的名称和数值。

（3）为了保证考核指标的完成，由修理技术部门组织制定本级质量考核指标的分解，同时会同检验部门和质量管理部门审查，经总工程师批准后再由计划部门下达到各修理工间和部门。

（4）设计"质量统计报表"，根据考核指标的要求，建立修理质量统计台账。按时向有关部门和领导提供所需的资料和统计数据报告，按规定的时间报送各种报表。

（5）建立健全检验部门修理质量统计网络。

（6）组织专职和兼职质量统计员学习质量统计工作制度，统一统计标准和办事程序、原始记录填写要求和有关事项。

（7）开展修理质量统计工作：

1）收集整理原始资料。修理质量统计的原始记录一般是检验人员填写的废品单、返修单、入库单、合格证、修理质量检验记录和修理质量抽查记录等。原始记录的填写应做到清晰、正确、内容齐全。

2）建立健全修理质量统计累计台账，由专职质量统计员收集、保存原始统计资料，按月顺序立档，一年归档，应符合修理质量档案管理要求。

3）按照有关规定的要求，认真填报"质量及技术经济指标"草表。各栏数字要清晰、数据准确，不得遗漏。

4）草表由主管修理质量统计工作的各级领导审核，内容无误后方可编制正式报表上报。

3.8.3 修理质量考核

修理质量考核首先应明确修理质量考核指标的内容、考核方法和统计方法。这样质量指标数字才能真实地反映修理质量水平，为有关部门和企业各级领导分析修理质量情况，解决修理质量问题提供可靠的依据。

3.8.3.1 修理质量指标

修理质量的指标主要以下几种：

（1）一次交验合格率；

（2）综合良品率；

（3）不合格品损失率；

（4）废品损失率；

（5）铸件合格率；

（6）锻钢件合格率；

（7）修理质量稳定提高率；

（8）黏度质量考核指标。

3.8.3.2 修理质量指标的名称及计算公式

A　一次交验合格率

一次交验合格率是反映修理件性能及装配工作质量的指标，是同类产品第一次交验合格品量占第一次交验产品总量的百分比。其计算公式为

$$一次交验合格率 = \frac{第一次交验合格品量}{第一次交验件总量} \times 100\%$$

第一次交验产品总量是指修理后第一次提交验收部门进行检验并得出结论的零件、总成、装备数量，不包括正在检验、复验和返修再次提交验收的数量。

抽验产品，其子项、母项均应按所代表的全批数量进行计算，如被抽检数一次不合格，则所代表的全批均为一次交验不合格。子项、母项的计算单位应与相应产量的计算单位一致。

一次交验合格的装备出厂后，因质量问题进行返修返检的，一律要从已上报的一次交验合格品总量中扣除。本季内发现的在季报中扣除，季报后发现的在年报中扣除，跨年度发现的，如不超过年报订正期（按规定报出日期后一个月）的应扣除，并另行上报。

B　综合良品率

综合良品率是反映承修单位报告期内修理过程工作质量指标。它指承修单位在报告期内修理加工零件合格品数占修理加工产品零件合格品数与废品数之和的百分比。

其计算公式为

$$综合良品率 = \frac{\sum[装备(总成、零件)合格品数 \times 装备(总成、零件)不变单价]}{\sum[装备(总成、零件)合格品数 \times 装备(总成、零件)不变单价 + 废品数 \times 该废品不变单价]} \times 100\%$$

C　不合格品损失率

不合格品损失率指企业在报告期内修理的各类不符合质量要求的不合格品损失总金额占同期总成本的比率。其计算公式为

$$不合格品损失率 = \frac{废品损失金额 + 返修件修复金额 + 次品损失金额}{全部产品总成本} \times 100\%$$

D　废品损失率

废品损失率是反映承修单位在报告期内废品损失总金额占同期全部总成本的百分比。其计算公式为

$$废品损失率 = \frac{废品损失总金额}{同期全部总成本} \times 100\%$$

废品损失总金额是指在报告期内整个修理过程中产品经检验并得出结论，办理废品手续的各类废品损失额的代数和。

E　铸（铁、钢、铜、铝、精铸）件合格率

铸（铁、钢、铜、铝、精铸）件（以下简称铸件）合格率，是指承修单位在报告期内，铸件合格品量占铸件合格品量和废品量之和的百分比。其计算公式为

$$铸件合格率 = \frac{铸件合格品量}{铸件合格品量 + 铸件废品量} \times 100\%$$

F　锻钢件合格率

锻钢件合格率是指承修单位在报告期内锻钢件合格品量占锻钢件合格品量和废品量之和的百分比。其计算公式为

$$锻钢件合格率 = \frac{锻钢件合格品量}{锻钢件合格品量 + 锻钢件废品量} \times 100\%$$

G　修理质量稳定提高率

修理质量稳定提高率是反映承修单位在报告期内修理质量综合动态的指标。它适用于承修单位主管部门掌握本单位的修理质量动态。计算修理质量稳定提高率，采用多项指标综合计算方法。其计算公式为

$$修理质量稳定提高率 = \frac{保持或提高的质量指标项数}{总检查的质量指标项数} \times 100\%$$

在确定检查的修理质量指标项数时，应考虑所选择的修理质量指标能代表本单位修理质量的全貌，一般认为，每个单项修理质量指标相对变动幅度小于或等于5‰为持平，超过5‰为改善或下降。按项目进行考核，与上年同期相比，同一种项目质量指标值上升或下降不超过5‰为改善或持平，下降超过5‰为下降。

H　黏度质量考核指标

除上述主要考核指标外，还要考核黏度指标，该指标的计算方法按有关规定进行。

4 工程装备整车修竣检验

4.1 工程装备安全运行技术条件

4.1.1 标记检验

标记检验要求：

（1）工程装备的厂牌、型号标记必须装设在车身外表面的显著位置上。

（2）工程装备铭牌及其修理铭牌应位于工程装备前部易于观察之处。

（3）工程装备的铭牌应标明厂牌、型号、发动机功率、总质量、出厂编号、出厂年月日及厂名；修理铭牌应标明修理的种类、时间及承修厂名。

（4）发动机的型号和出厂编号应打印在发动机气缸体侧平面上，字体为二号印刷字，型号在前，出厂编号在后，在出厂编号的两端打上星号（＊）。

（5）底盘的型号和出厂编号应打印在金属车架易见部位，字体为一号印刷体，型号在前，出厂编号在后，在出厂编号的两端打上星号（＊）。

4.1.2 车速表检验

车速表允许误差范围为 −10% ～ +15%。即当实际车速为 40km/h 时，车速表指示值应为 36～46km/h。

4.1.3 发动机检验

发动机检验要求：

（1）发动机动力性能良好，运转平稳，不得有异响；怠速稳定，机油压力正常。发动机功率不得低于原额定功率的 95%。

（2）发动机应有良好的起动性能。

（3）不得有"回火""放炮"现象。

（4）柴油机停机装置必须灵活有效。

（5）发动机机件应齐全，性能良好。

4.1.4 转向系检验

转向系检验要求：

（1）方向操纵轻便、无阻滞现象。

（2）装备转向后应有自动回正能力，以保持装备稳定的直线行驶。

（3）操纵机构应调整适当，保证规定的自由行程、工作行程和所需要力量，松开操纵杆应能灵活自动地恢复到原来的位置。

（4）在平坦、硬实、干燥和清洁的道路上行驶，其方向操纵装置不得有摆振、路感不灵、跑偏或其他异常现象。

（5）装有转向助力器的装备，当转向助力器失效时，仍具有控制装备转向的能力。

（6）轮式装备的最小转弯直径，以前外轮轨迹中心线为基线测量其值不得大于24m。当转弯直径为24m时，前转向轴和后轴的内轮差（以两内轮轨迹中心线计）不大于3.5m。履带式装备转向离合器，一边完全接合另一边完全分离时，应能在原地做360°的转弯。

4.1.5　制动系检验

制动系检验要求：

（1）行车制动系的制动踏板的自由行程应符合该装备整车有关技术条件的规定。

（2）行车制动系在产生最大制动作用时，踏板力不得超过700N，手握力不超过300N。

（3）行车制动系最大制动效能应在踏板全行程的4/5以内达到。

（4）驻车制动操纵装置的安装位置要适当，其操纵杆必须有一定的储备行程，一般应在操纵杆全行程的3/4以内产生最大的制动效能。

（5）施加于驻车操纵杆上的力应不大于500N。

（6）对采用气压制动的工程装备，当气压升至590kPa时，在不使用制动的情况下，停止空气压缩机3min，其气压的降低应不超过9.8kPa。在气压为590kPa的情况下，将制动踏板踏到底，待气压稳定后观察3min，单车气压降低值不得超过19.6kPa。

（7）采用液压制动系统的工程装备，当制动踏板压力最大时，保持1min，踏板不得有缓慢向底板移动现象。

（8）气压制动系限压装置应有效，确保贮气筒内气压不超过允许的最高气压。

（9）采用气压制动系统的工程装备，发动机在中等转速下，4min内气压表的指示气压应从零升至起步气压（未标起步气压者，按392kPa气压计）。贮气筒的容量应保证在不继续充气的情况下，连续5次全制动后，气压不低于起步气压。

（10）在平坦、硬实、干燥和清洁的水泥或沥青路面（路面的附着系数为

0.7）上的制动距离和跑偏量应符合规定。

（11）驻车制动性能要求：正、反两个方向在 20% 的坡道上使用驻车制动装置，5min 以上应保持固定不动。

4.1.6　照明、信号装置和其他电气设备检验

照明、信号装置和其他电气设备检验要求如下。

（1）工程装备的灯具应安装牢靠，灯泡要有保护装置，不得因工程装备震动而松脱、损坏、失去作用或改变光照方向，所有灯光开关安装牢固，开关自如，不得因工程装备震动而自行开关。

（2）照明和信号装置检验要求：

1）外部照明和信号装置的数量、位置、光色、最小几何可见角度等应符合国家的相关规定。

2）检验前照灯的近光光束照射位置时，前照灯在距屏幕 10m 处，光束明暗截止线转角或中点的高度应为 $0.75 \sim 0.80H$（H 为前照灯中心高度），其水平方向位置向左右均不得大于 100mm。

3）转向信号灯及制动灯的生理可见度，在阳光下距 30m 可见，夜间好天气距 300m 可见。前、后位灯夜间好天气距 300m 可见。

（3）其他电气设备和仪表检验要求：

1）喇叭性能可靠，声音悦耳。

2）发电机应技术性能良好。蓄电池应保持常态电压。所有电器导线均须捆扎成束，布置整齐，固定卡紧，接头牢固并有绝缘封套，在导线穿越孔洞时需装设绝缘套管。

3）照明和信号装置的任何一个线路如出现故障，不得干扰其他线路的正常工作。

4）水温表、电流表（或充电指示灯代替）、燃油表、车速里程表、气压表、机油压力表（或油压指示灯代替）等各种仪表及开关，并应保持灵敏有效。

4.1.7　行驶系检验

行驶系检验要求如下。

（1）轮胎要求：

1）轮胎胎面因局部磨损不得暴露出轮胎帘布层。

2）轮胎的胎面和胎壁上不得有长度超过 2.5cm、深度足以暴露出轮胎帘布层的破裂和割伤。

3）同一轴上的轮胎应为相同的型号和花纹。

（2）各支重轮、驱动轮、引导轮和托链轮、前轮和后轮应转动灵活。链轨

松紧度合适，不顶牙，不跳轨。

（3）车架不得有变形、锈蚀、弯曲。螺栓、铆钉不得缺少或松动。

（4）前、后桥不得变形、裂纹。

4.1.8　传动系检验

传动系检验要求如下。

（1）离合器：

1）机动车的离合器应接合平稳、分离彻底，不得有异响、抖动和打滑现象。

2）踏板自由行程应符合整车技术条件的有关规定。

3）踏板力不得超过200N，拉杆操纵力不得超过50N。

（2）变速器、分动器：

1）换挡时、齿轮啮合灵便，互锁、自锁装置有效，不得有乱挡、跳挡现象。运行中无异响。换挡时，变速杆不得与其他部件相干涉。

2）在变速杆上或其附近，必须有能使驾驶员在驾驶座位上容易识别变速器挡位位置的标志。

（3）传动轴在运转时不发生震抖和异响。

（4）中央转动齿轮啮合正常，转弯时，不得有不正常的杂音。

4.1.9　车身检验

车身检验要求：

（1）车身的技术状况应能保证驾驶员有正常的劳动条件和客货安全。

（2）车身和驾驶室应坚固耐用，覆盖件无开裂和锈蚀。

（3）车身外部不允许有任何使人致伤的尖锐凸起物。

（4）车身内部不应有任何使人致伤的尖锐凸起物，车身内部的非金属件应具有较强抗燃烧的能力。

（5）车门、车窗启闭轻便，不得有自行开启现象，其门锁牢固可靠。行车时门窗无振响。货箱的栏板、底板平整，客车车身与地板密合，座椅扶手安装牢固可靠，排列整齐。

（6）对气动升启的车门，应能在气压低于工作压力时，通过另外的机构开启车门。

（7）第一线踏板高度不大于400mm。

（8）工程装备前后分别设置适用的牌照座，前牌照座应设于前面的中部或右侧，后牌照座应设于后面的中部或左侧。

4.1.10　安全防护装置检验

安全防护装置检验要求：

（1）采用气压制动系的工程装备，必须装设低压音响警报装置。

（2）机动车工程装备门窗必须使用安全玻璃。前挡风玻璃应采用夹层玻璃或部分区域银化玻璃，其他门窗可采用钢化玻璃。其性能应符合国家有关标准。

（3）工程装备挡风玻璃应具有防冻、除霜装置。

（4）挡风玻璃应具有刮水器，并能在 $-40 \sim 50℃$ 温度范围内正常工作，其扫刮面积不小于 $1800cm^2$。

（5）燃油箱的要求：

1）燃油箱及燃油管路应坚固并具有防护装置，不至于震动、冲击而发生损坏及漏油现象。

2）燃油箱的加油口及通气口应保证在工程装备晃动时不漏油。

3）燃油箱与排气管的位置应相距 300mm 以上或设置有效的隔热装置。燃油箱应距裸露电气接头及电气开关 200mm 以上。

4）燃油箱的通气口应保持畅通。

4.2　修理技术文档检查

4.2.1　修理技术文档类别

修理技术文档包括：工程装备入厂交接检验表、发动机系统修理过程记录单、液压系统修理过程记录单、电气系统修理过程记录单、底盘修理过程记录单、操纵系统修理过程记录单、工作装置修理过程记录单、工程装备修竣检验单、工程装备修理技术档案、工程装备大（中）修合格证等。

4.2.2　修理技术文档检查要求与方法

修理技术文档检查要求与方法分别如下。

（1）检查要求。对修理技术文档的要求：齐全、规范、真实。

（2）检查方法。修理技术文档的检查主要是检查其真实性，一般可通过检查程序的规范性来检查，对关重项目，也可以通过拆检来进行，检查的方法和步骤参见附表的相关内容。

4.3　工程装备路试

4.3.1　工程装备道路试验方法一般要求

4.3.1.1　试验条件

在各试验条件下的要求如下。

（1）装载质量。无特殊规定时，工程装备应符合厂家规定的行走状态。

（2）轮胎气压。试验过程中，轮胎气压应符合该装备技术条件的规定，误差不超过 10kPa。

（3）燃料、润滑油（脂）和制动液。试验工程装备使用的燃料、润滑油（脂）和制动液的牌号和规格，应符合该装备技术条件或现行国家标准的规定。

（4）气象：

1）试验时应是无雨无雾天气。

2）相对湿度小于 95%。

3）气温在 0 ~ 40℃。

4）风速不大于 3m/s。

注：对气象有特殊要求的试验项目，由相应试验方法规定。

（5）试验仪器、设备。试验仪器、设备须经计量检定，在有效期内使用，并在使用前进行调整，确保功能正常，符合精度要求。当使用工程装备上安装的速度表、里程表测定车速和里程时，试验前必须进行误差校正。

（6）试验道路。除另有规定外，各项性能试验应在清洁、干燥、平坦的用沥青或混凝土铺装的直线道路上进行。道路长 2 ~ 3km，宽不小于 8m，纵向坡度在 0.1% 以内。

4.3.1.2　试验准备

试验准备包括以下几方面。

（1）接车检查：

1）记录试验样车的生产厂名、牌号、型号、发动机号、底盘号、各主要总成号和出厂日期。

2）检查装备的完整性及装配调整情况，使之符合该装备装配调整技术条件的有关规定。

（2）工程装备磨合。根据试验要求，对试验工程装备进行磨合。除另有规定外，磨合规范符合该车使用说明书的规定。

（3）预热行驶。试验前，试验工程装备必须进行预热行驶，使工程装备发动机、传动系及其他部分预热到规定的温度状态。

4.3.2　工程装备起动性能试验

4.3.2.1　试验条件

工程装备起动性能试验条件为：

（1）一般试验条件和试验工程装备的准备符合上述工程装备道路试验方法一般要求试验条件的规定。

（2）在不同的环境温度下，按工程装备的使用说明书或有关技术资料的规定，选用规定牌号的燃油、机油和冷却液。

（3）为使工程装备在不同环境温度下起动，可按工程装备制造厂规定，装上专用起动附件，如辅助起动装置（预热塞、加热器、压缩空气等）和保温装置（发动机罩、散热器保温装置及蓄电池保温箱等），并按制造厂专用起动附件使用说明书进行操作。

（4）应使用制造厂规定的蓄电池，起动电缆和搭铁电缆。蓄电池应充足电，与工程装备处在同一环境温度下。

（5）试验环境温度见表4-1。

表 4-1　试验环境温度

试验类别	环　境　温　度
一般起动	汽油机：（ −10 ±3 ）℃；柴油机：（ −5 ±3 ）℃
低温起动	（ −20 ±5 ）℃；（ −30 ±5 ）℃；−35℃ 以下

4.3.2.2　试验仪器

试验仪器有：

（1）电流表带分流器（0～1000A 或 1500A，2.5 级精度）。

（2）电压表（0～30V，2.5 级精度）。

（3）发动机转速表（1.0 级精度）。

（4）温度计（ −50～100℃，1.5 级精度）。

（5）热电偶（测风冷发动机气缸盖和排气温度，2.5 级精度）。

（6）电液比重计（比重0.005）。

（7）气压、湿度和风速计（2.5 级精度）。

（8）计时器（0～24h，1s 及 0～60s，0.2s）。电流表和电压表按图4-1 接线。

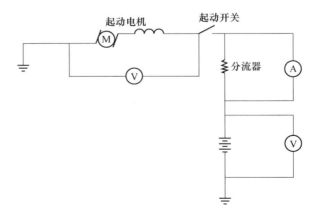

图 4-1　电流表、电压表接线

4.3.2.3　试验方法

A　发动机起动性能试验

发动机起动性能试验方法：

（1）按试验装备起动性能要求，选定试验环境温度和试验地点。

（2）将试验装备放置在露天背阴处，停放 12h 以上，冷透后方可试验。

（3）试验前测量并记录：试验地点、环境条件、燃油、机油、冷却液和发动机缸盖（风冷发动机）的温度，以及蓄电池的电压、电解液温度和比重等。

（4）无辅助起动装置时，起动前可用摇手柄或其他方法转动发动机曲轴（1~3 圈），记录圈数，然后起动发动机。每次起动，起动机拖动发动机的时间，不得超过该车使用说明书规定的时间，当使用说明书无此规定时，不得超过表 4-2 规定。

表 4-2　起动试验表

试验类别	拖动时间/s	试验类别	拖动时间/s
一般起动	15	低温起动	30

起动机接通后，在规定的拖动时间内，发动机能着火自行运转，即为起动成功；若在规定的拖动时间内，无断续着火声，未能自行运转，即为起动失败；若其间有断续着火声，可适当延长施动时间，但延长时间不得超过 15s；若能自行运转，亦为起动成功。

起动试验允许连续进行 3 次，若 1 次起动失败，可在 2min 后再次起动。

试验时应测量和记录：起动次数，从起动机啮合至发动机第一次着火时间，从起动机啮合至发动机稳定运转时间，发动机起动转速（拖动转速），发动机油门或节气门开度，蓄电池电压，起动机的电压和电流。

（5）装有低温辅助起动装置时，试验前记录辅助装置的名称、型式（号）、编号、能量来源（如工程装备蓄电池、汽油、煤油等）和该装置使用说明书规定的数据。然后，可用摇手柄或别的方法转动发动机曲轴（1~3 圈），记录圈数，再进行起动。

起动时应测量和记录的项目同上第（4）条，并记录辅助起动装置的操作状况及该装置各参数的实测值。

B　发动机暖机试验

发动机起动成功后：在 30%~50% 额定转速下，空载运转 10~20min。记录发动机空载转速、运转时间及冷却液或缸盖（风冷发动机）温度。

C　工程装备起步试验

工程装备起步试验方法：

（1）发动机起动和暖机后，用最低挡起步，若一次不能起步，可再进行一次，若仍不能起步，应停止试验，认为该工程装备在该条件下不适合起步。

（2）用最低挡起步行驶一定距离（0.3~0.5km）后，逐级变换至高速挡，工程装备能平稳加速和发动机无熄火情况时，即认为工程装备起步试验成功。若在15min内，不能换成高速挡或不能保持高速挡稳定的车速，则认为工程装备起步试验失败。

（3）记录从准备起动发动机（转动发动机曲轴或预热发动机）开始，经起动试验和暖机至工程装备起步的总时间。

4.3.3 轮式装备滑行试验

4.3.3.1 试验条件

轮式装备滑行试验试验条件如下。

（1）测量仪器。第五轮仪或相应的车速记录装置，精度不低于0.5%。

（2）关闭工程装备门窗。

（3）其余试验条件及试验准备符合上述工程装备道路试验方法一般要求的规定。

4.3.3.2 试验方法

轮式装备滑行试验试验方法如下。

（1）在长约1000m的试验路段两端立上标杆作为滑行区段，工程装备在进入滑行区段前车速加稍大于50km/h。

（2）工程装备驶入滑行区段前，驾驶员将变速器排挡放入空挡（松开离合器踏板），工程装备开始滑行，当车速为50km/h时（工程装备应进入滑行区段），用第五轮仪进行记录，直至工程装备完全停住为止。在滑行过程中，驾驶员不带转动方向盘。

（3）记录滑行初速度［应为（50±0.3）km/h］和滑行距离。

（4）试验至少往返各滑行一次，往返区段尽量重合。将结果记入表4-3中。

表4-3 滑行试验数据记录校正表

滑　行　方　向					
往			返		
实测初速度	实测滑行距离	50km/h 滑行距离	实测初速度	实测滑行距离	50km/h 滑行距离

4.3.4　工程装备爬陡坡试验

试验条件：

（1）试验条件应符合 4.3.1.1 节工程装备道路试验方法一般要求试验条件的规定。

（2）试验仪器有：

1）秒表。

2）钢卷尺（50m）。

3）标杆。

4）发动机转速表。

5）坡度仪。

（3）道路。试验坡道坡度应接近试验装备的最大爬坡度。坡道长不小于 25m，坡前应有 8～10m 的平直路段，坡度大于或等于 30% 的路面用水泥铺装，小于 30% 的坡道可用沥青铺装，在坡道中部设置 10m 的测速路段。允许以表面平整、坚实、坡度均匀的自然坡道代替。大于 40% 的纵坡必须设置安全保障装置。

试验前的准备：应符合上述工程装备道路试验方法一般要求试验准备的规定。

试验方法：

（1）使用 I 低挡，将试验装备停于接近坡道的平直路段上。

（2）起步后，将油门全开进行爬坡。

（3）测量并记录工程装备通过测速路段的时间及发动机转速。

（4）爬坡过程中监视各仪表（如水温、机油压力）的工作情况，爬至坡顶后，停车检查各部位有无异常现象发生，并做详细记录。如第一次爬不上，可进行第二次，但不超过两次。

（5）爬不上坡时，测量停车点（后轮接地中心）到坡底的距离，并记录爬不上的原因。

（6）如没有厂方规定坡度的坡道，可采用变速器较高一挡（如 II 挡）进行试验，再按式（4-1）折算为变速器使用最低挡时的爬坡度：

$$\alpha_{\max} = \sin^{-1}\left(\frac{i_1}{i_{实}}\sin\alpha_{实}\right) \tag{4-1}$$

式中　$\alpha_{实}$——试验时的实际坡度；

i_1，$i_{实}$——I 挡和实际挡的传动比。

平均速度为

$$v = \frac{10 \times \frac{1}{1000}}{t \times \frac{1}{3600}} = \frac{36}{t}(\text{km/h}) \tag{4-2}$$

式中，t 为通过测试路段的时间，s。

4.3.5 轮式工程装备最高车速试验

试验条件：

（1）试验仪表、器具：

1）计时器，最小读数为 0.01s；

2）钢卷尺；

3）标杆。

（2）其他试验条件符合上述工程装备道路试验方法一般要求的规定。

试验准备：

（1）符合上述工程装备道路试验方法一般要求的规定。

（2）关闭工程装备的门窗。

（3）检查试验工程装备的转向机构、各部紧固件的紧固情况及制动系统的效能，以保证试验的安全。

试验方法：

（1）在符合试验条件的道路上，选择中间 200m 为测量路段，并用标杆做好标志，测量路段两端为试验加速区间。

（2）根据试验工程装备加速性能的优劣，选定充足的加速区间（包括试车场内环形高速跑道），使工程装备在驶入测量区段前能够达到最高的稳定车速。

（3）试验工程装备在加速区间以最佳的加速状态行驶，在到达测量路段前保持变速器在工程装备设计最高车速的相应挡位，油门全开，使工程装备以最高的稳定车速通过测量路段。

（4）试验往返各进行一次，测定工程装备通过测量路段的时间。

（5）试验结果按式（4-3）计算：

$$V = \frac{3600 \times 0.2}{t} \qquad (4-3)$$

式中　V——工程装备最高车速，km/h；

　　　t——工程装备往返时间算术平均值，s。

试验过程中注意观察工程装备各总成、部件的工作状况并记录异常现象。

4.3.6 工程装备燃料消耗量试验

试验条件：

（1）试验仪器：

1）车速测定仪器和燃料流量计：精度为 0.5%。

2）计时器：最小读数为 0.1s。

（2）装备必须清洁，关闭车窗和驾驶室通风口，只允许开动为驱动工程装备所必需的设备。

（3）试验工程装备必须按规定进行磨合，其他试验条件、试验准备符合上述工程装备道路试验方法一般要求的规定。

试验项目：

（1）最高挡全油门加速燃料消耗量试验。

（2）等速燃料消耗量试验。

最高挡全油门加速燃料消耗量试验：

（1）测试路段长度为500m。

（2）试验方法：挂最高挡，轮式工程装备以（20±1）km/h、履带式工程装备以（5±0.5）km/h的速度，稳定通过50m的预备段，在测试阶段的起点开始，油门全开，加速通过测试路段。测量并记录通过测试段的加速时间、燃料消耗量及工程装备在测试段终点时的速度。

（3）测定值的确定：

1）试验往返各进行两次，测得同方向加速时间的相对误差不大于5%。取测得4次加速时间试验结果的算术平均值作为测定值，且要符合技术条件的规定。

2）经本项试验后，做其他燃料消耗量试验时，工程装备发动机不得调整。

等速行驶燃料消耗量试验：

（1）测试路段长度为500m。

（2）试验方法。工程装备用作业挡位，等速行驶，通过500m的测试段，测量通过该路段的时间及燃料消耗量。选取有代表性的5个试验速度。

（3）同一车速往返各进行两次。

（4）绘制等速燃料消耗量特性曲线。以车速为横轴、燃料消耗量为纵轴，绘制等速燃料消耗量散点图，根据散点图绘制等速燃料消耗量的特性曲线。

4.3.7　工程装备技术状况行驶检查

行驶条件：

（1）试验采用下列仪器及设备：

1）测速仪，测量精度不低于1%；

2）风速仪，测量精度不低于0.5m/s；

3）计时器：最小读数为1s。

（2）对于轮式工程装备，行驶道路为平坦的平原公路；对于履带式工程装备，应选用平坦、坚实的土路、砂石路或专用试验场。

（3）风速不大于5m/s。

（4）其余行驶条件及试验工程装备的准备，按上述工程装备道路试验方法一般要求的规定。

检查方法：

（1）发动机在额定转速时，从前进挡到后退挡，从最低挡到最高挡，依次做行驶检验。其要求如下：

1）运行时间，前进挡、后退挡的各挡行驶时间均不少于 10min；

2）各挡运行次数（换挡）不少于 3 次往返。

（2）行驶中监视工程装备各总成的温度（包括发动机温度、机油温度、变速器及驱动桥油温等）是否正常，检查其工作性能和工作状态。如发现异常，应停车检查，找出原因，排除故障后重新进行行驶检查。

4.3.8 轮式工程装备制动性能检验

试验条件：

（1）试验采用下列仪器及设备：

1）测速仪，测量精度不低于 1%；

2）制动距离测定装置（第五轮仪或其他距离测定装置），测量精度不低于 1%；

3）风速仪，测量精度不低于 0.5m/s。

（2）行驶道路为平坦的平原公路，长度不小于 500m。

（3）风速不大于 5m/s。

（4）其余行驶条件及试验工程装备的准备，按上述工程装备道路试验方法一般要求的规定。

检查方法：

（1）从最低挡到最高挡，并将装备稳定在 30km/h。

（2）紧急制动，制动距离不大于 13m。

（3）点试制动，应迅速出现制动现象，且无跑偏现象。

4.3.9 工程装备驻车制动试验

试验种类：（1）坡道试验；（2）牵引法试验。坡道试验最接近实际使用情况，应优先采用，在无条件进行坡道试验时，可进行牵引法试验或台架试验。

试验条件：

（1）试验装备应处在良好技术状态。

（2）轮胎或履带的磨损不超过 30%，轮胎气压达到制造厂说明书规定的要求。

（3）驻车制动系应按制造厂的技术条件装配、调整、润滑和检验。

（4）试验时制动鼓或制动盘摩擦表面的温度应保持在 5～65℃ 范围内。

（5）坡道试验和牵引法试验应在干燥、清洁、平整的混凝土路面进行（或具有相同附着系数的路面）。牵引法试验，路面要求水平（坡度不大于0.1%）。

（6）坡道试验时，试验装备的纵轴线应平行于坡道中心线；牵引法试验时，牵引力方向应平行于路面，且通过试验装备纵向中心平面。

（7）施加在操纵杆或踏板上的控制力应在正常操作时的方向上。承受控制力的部位，应在操纵杆手柄或踏板的正中间，如操纵杆手柄中间部位不明显时，取离顶端（50±5）mm位置处。

（8）其余试验条件及试验准备，按上述工程装备道路试验方法一般要求的规定。

试验仪器：

（1）测力计；

（2）秒表；

（3）经纬仪（角度仪）；

（4）测温仪；

（5）牵引设备；

（6）拉力计。

使用的仪器须经过标定。

试验方法：

（1）坡道试验。上坡和下坡方向各进行3次。

1）将试验装备驶到试验的坡道上，用行车制动停车。

2）将试验装备的变速操纵杆放到空挡位置，操作驻车制动控制装置，然后解除行车制动，在确认停车稳定后读出控制力，观察15min，试验车不应发生任何移动。

（2）牵引法试验。正向和反向各进行3次。

1）将试验装备驶到试验路段上，用行车制动停车。

2）将试验装备的变速操纵杆放到空挡位置，操作驻车制动控制装置，然后解除行车制动。

3）以牵引设备牵引试验车，缓慢均匀地增加牵引力，当试验装备产生运动的瞬时，读出牵引力读数。

试验结果：按式（4-4）计算牵引法试验相应的驻车坡度：

$$\alpha = \arcsin \frac{P_1}{mg} \tag{4-4}$$

式中　　P_1——牵引力，N；

　　　　m——试验车总质量，kg；

　　　　g——重力加速度，m/s²。

4.4　工程装备作业检验

工程装备作业检验应按照工程装备大中修修竣质量检查验收要求的相应规定进行，检验其工作性能和是否符合技术要求。试验包括：静态检验、空载运转检验、行驶检验及作业检查。

4.4.1　静态检验

静态检验主要包括：

（1）各部零部件须按规定的规格型号、位置、方向进行装配。

（2）整车各油、气、水管规格、型号符合要求，安装正确牢固。

（3）整车各种线路布局合理，接头牢固，连接正确，无裸露、破损老化现象，线束整齐。铁板穿孔处垫有橡胶衬套。

（4）各部润滑装置（油嘴）安装正确、齐全、有效。

（5）各种油液规格、油质及添加量符合规定。

（6）电气系统各部件齐全、完好、有效，仪表盘平整美观。

（7）各焊接部位牢固可靠。

（8）各铆接件的结合面贴合紧密，铆接牢固。

（9）各皮带张紧度符合规定要求。

（10）传动轴装配正确，连接螺栓连接可靠，锁片牢固。

（11）各操纵杆动作灵活、准确，无卡阻和干涉现象。

（12）蓄电池外部清洁，外壳、极柱完好无损，连接线固定可靠。

以上内容可以采用官能方法来检验。

（13）行驶装置检验：轮式装备其轮胎安装正确，气压符合要求；履带装备其履带张紧度符合规定。

检验方法：用轮胎气压表或履带张紧度测量仪（或经验调整法）按规定方法进行测量。

（14）绝缘检验：主电路、控制电路对地绝缘电阻不得小于 $0.5M\Omega$。

检验方法：采用 $500V$ 兆欧表，一端接地，另一端与被测电路连接，摇动手柄使转数达到 $120r/min$。指针稳定后，所指刻度即为绝缘电阻值。

4.4.2　空载运转检验

空载运转检验主要包括：

（1）在常温下一次起动成功（$3\sim5s$）。

（2）发动机正常工作温度下排气为无色或浅灰色。

（3）发动机在正常工作温度下运转时，不应有异常响声。

（4）电气系统设备齐全完好，各仪表工作正常。

（5）停机检查时各部无漏油、漏水、漏气、渗油现象。

以上内容可以采用官能方法来检验。

（6）发动机怠速符合规定，最高转速应不超过额定转速的5%。

（7）发动机在各种转速下运转平稳。

以上内容检验方法：用红外测速仪按规定方法测量。

（8）额定转速和怠速时发动机机油压力符合规定。检验方法：用合适量程的液压表连接在规定的接口上测量，或用仪表盘上的压力表来测量。

（9）方向盘操纵轻便，自由转角符合要求。检验方法：用方向盘测力计和转角测量仪按规定进行测量。

4.4.3　行驶检验

行驶检验按上述工程装备技术状况行驶检查来进行。

4.4.4　作业检查

作业检查主要包括以下几方面。

（1）操作检验。

1）操作各控制装置，各相应装置应灵活、准确、可靠；起升、回转、行走等动作平稳、准确，不允许有爬行、震颤、冲击及超过规定的渗漏现象。

2）检验方法：尺寸参数用钢带尺，使用时必须拉紧，最好使用重锤拉紧器。

（2）额定载荷检验。

1）检验项目和要求：检查各机构起动制动是否平稳，有无过大噪声和发热情况；测试工作速度。

2）检验方法和使用仪器：钢带尺与秒表合用。各种速度测量都要注意排除起动制动过程，在速度稳定期间测量结果才是正确的。为了做到这一点，对刚性传动的机构可同时用携带式转速表，将顶头触在电机轴断面中心处，由指针读出电机转数，测出电机在额定转速稳定运行期间的工作机构速度；对非刚性传动的机构，例如皮带、液力耦合器、电磁联轴节等，则应将运动距离或转角划分成等距的各点，如图4-2所示，用秒表测出各区间所用时间 t，在 2 ～ 8 区间，$t =$ const，其间速度为稳定运行的工作机构速度。测量起升速度时，可通过软绳与工作装置相连，经设在地面上的滑轮转换成水平运动，再用钢带尺测量，将更方便和准确。

（3）超载静态检验。对于作业装置承受不定载荷的工程装备，应进行超静态试验。

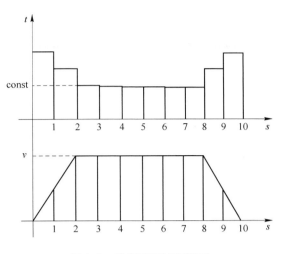

图 4-2　稳定运行速度测量

1）检验项目和要求：检查结构承载能力。卸载后不得出现可见裂纹、油漆剥落、永久变形、连接松动等损坏。

2）检验方法：试验前应对各试验构件的负荷限制器进行调整，保证其在 1.25 倍额定载荷下工作。载荷达到 1.25 倍后，至少应停留 10min。

为了检查有无永久变形，在试验前，对主要受力部位用经纬仪、百分表等测定其初始位置，卸载后再测其偏移。偏移为零，则无永久变形。

经纬仪常与标尺配合使用，用来测试构件位移、挠度和垂直度。标尺事先要沿位移方向和误差方向在被测处固定，刻度以 mm 为单位，并要有坐标原点。经纬仪在各方向抄平，水泡稳定于中点。应注意，因目镜里得到的影像是倒立的，与实际误差和变形的方向相反，最后读数必须是结构振动稳定后测出的。

构件位移的检验。标尺固定在构件铰点处，与地面平行，经纬仪瞄准坐标原点，锁住固定不动。加载后，坐标原点在经纬仪纬线上的移动距离就是位移值。卸载后，坐标原点回到经线位置，属于弹性变形；不回到经线位置，说明已产生永久变形。

构件挠度检验。在构件根部竖立标尺，与地面垂直，坐标原点与铰点重合，经纬仪瞄在铰点，再转动经纬仪底座绕竖直轴旋转，使其瞄向标尺，纬线在标尺上的读数即为臂端上翘值。加载后，经纬仪镜筒瞄在铰点，转回臂根处，纬线在标尺上的读数与上翘值之差即为臂端挠度。卸载后，也应回到原来位置，否则即为产生了永久变形。

底架各部变形的检验。将百分表放在刚性支座上，触头施以一定压力顶在被测部位上，测出指针读数。加载后指针读数即为变形，卸载后应回零，否则即表明产生残余塑性变形。

由上述可见，在超载静态试验中，至少应用 2 台经纬仪和数支百分表。如果用位移传感器代替百分表则更准确方便。

5 发动机检验

5.1 仪表的测量精度及测量参量

扭矩：误差不大于发动机最大扭矩读数的 ±1.0%。

发动机转速：误差不大于所测转速的 ±0.5%。

燃油消耗量：误差不大于所测值的 ±1.0%。

温度：冷却液温度误差不大于 ±2.0℃；机油温度在主油道或主油道入口处测量，误差不大于 ±2.0℃；排气温度在离发动机排气管出口凸缘 50mm 处测量，温度感应头逆气流方向插入，其端头位于管子中心，测量误差不大于 ±10℃；柴油温度在喷油泵进口处测量，误差不大于 ±2.0℃；进气温度在进气流中，离发动机进气口或空气滤清器进气口 30~60mm 以内处测量，测量误差不大于 ±2.0℃；干湿度计测量进气湿度的测量部位与进气温度的相同，干湿度误差不大于 ±1.0%。

压力：进气管真空度在进气管进口之下 30mm 左右处测量，误差不大于 ±0.15kPa；气缸压力及机油压力用 1.5 级压力表测量。

5.2 试 验 条 件

试验条件如下。

（1）发动机所用燃油及机油按制造厂规定。

（2）发动机试验前要按制造厂规定磨合。一般磨合规范 60h，见表 5-1 及表 5-2。热磨合循环重复 4 次，第二循环结束后更换机油。如仅需测定发动机动力指标（校核最大扭矩和最大功率），且试验在 20 min 内完成，则热磨合可做一个循环，总计 17h。

（3）发动机冷却水出水温度控制在（80±5）℃，机油温度控制在（85±5）℃，柴油温度控制在（40±5）℃。

（4）所有数据要在工况稳定后测量，即待转速、扭矩、排气温度变动不大于 ±1% 后，稳定 1min，方可测取数据。

表 5-1　冷磨合规范（共 3h）

序号	转速/r·min⁻¹	功率/kW	时间/min
1	500		30
2	600		30
3	700		30
4	800		30
5	900		30
6	1000		30

表 5-2　热磨合规范（共 14h）

序号	转速/r·min⁻¹	功率/kW	时间/min
1	1000	0	60
2	1000	6.5	30
3	1200	8.0	30
4	1400	9.0	30
5	1600	11.0	30
6	1800	12.0	30
7	2000	13.0	30
8	1000	0	30
9	1200	15.0	60
10	1400	20.0	60
11	1600	25.0	60
12	1800	30.0	60
13	2000	40.0	60
14	2200	55.0	90
15	2400	60.0	90
16	2600	70.0	60
17	2800	84.0	30

注：1 马力 = 736W。

5.3　性能试验的方法

5.3.1　起动试验

起动试验的试验目的及方法如下。

（1）目的：评定发动机的起动性能。

（2）试验方法：不采用特殊的低温起动措施，发动机与测功器脱开，汽油机在 −10℃、柴油机在 −5℃ 以下的气温条件下进行。发动机加足防冻液，采用充足电的蓄电池。待燃油、蓄电池电解液、防冻液、机油温度不高于上述温度 1℃，即可开始试验。试验时，用起动机拖动发动机，15s 以内能使发动机自行运转，即为起动成功。若发动机不能自行运转，但其间有断续着火声，允许连续再拖动 15s，能自行运转，也为起动成功。起动成功后，在 30% ~ 50% 的额定转速下运行 3min 停机。待温度下降至上述规定后，再进行下一次起动。共进行 3 次。记录起动成功及未成功次数，从按起动电钮起到发动机能自行运转的起动时间，进气状态，起动前的电解液、防冻液、机油温度，燃油及电解液占比，拖动时起动机的工作电压、蓄电池工作电压、拖动电流、拖动转速、机油黏度及汽油馏程等。

5.3.2　怠速试验

怠速试验目的及试验方法如下。

（1）目的：评定发动机怠速的稳定性和怠速排放参数。

（2）试验方法：发动机与测功器脱开，逐渐关小油门，适当调整怠速调整螺钉，使发动机转速逐步下降且能运转 10min 以上为止。记录排气中一氧化碳、碳氢化合物的浓度，燃油消耗量，进气管真空度、平均转速、最大及最小转速，计算转速波动量（最大、最小转速之差与平均转速之比）。

5.3.3　功率试验

功率试验目的及试验方法如下。

（1）目的：测定发动机的动力性和经济性指标。功率试验是发动机性能试验的主体，它包括外特性（总功率）试验与使用外特性（净功率）试验两种。

（2）试验方法：进行外特性试验的发动机，带或不带空气滤清器及其连接管路、曲轴箱通风装置（在试验报告中应注明），带试验室排气系、废气再循环装置，带发电机、调节器和充足了电的蓄电池，不带其余附件。进行使用外特性试验的发动机应带全套附件并采用车辆的排气系统。试验时，油门全开。在发动机工作转速范围内，顺序地改变转速，进行测量。适当分布 8 个以上的测量点。

测量进气状态、转速、扭矩、燃油消耗量、空气消耗量、烟度、噪声、排气温度、点火或喷油提前角、进气管真空度、燃油的辛烷值或十六烷值。绘制外特性曲线及使用外特性曲线。

5.3.4　负荷特性试验

负荷特性试验目的及试验方法如下。

（1）目的：在规定转速下，评定发动部分负荷的经济性。

（2）试验方法：所带附件与外特性试验时相同，发动机在 50% ~ 60% 的额定转速下运行。发动机转速不变，从小负荷开始，逐渐增大负荷，相应的增大油门，直至油门全开。适当地分布 8 个以上的测量点。测量进气状态、转速、扭矩、燃油消耗量，汽油机进气管真空度、燃油的辛烷值或十六烷值。绘制负荷特性曲线。

5.3.5　万有特性试验

万有特性试验目的及试验方法如下。

（1）目的：评定发动机在各种工况下的经济性，为车辆选用合适的发动机提供依据。

（2）试验方法：所带附件与外特性试验时相同。试验可采用下列方法之一：

1）负荷特性法：在发动机工作转速范围内，均匀地选择 8 种以上的转速，在选定的各种转速下进行负荷性试验。

2）速度特性法：根据额定功率的百分数，适当选择 8 种以上的油门开度。在每种油门开度下，在发动机工作范围内，顺序地改变转速进行测量，适当分布 8 个以上的测量点。

测量进气状态、转速、扭矩、燃油消耗量、油门开度、排气温度、燃油的辛烷值或十六烷值等。根据所得的负荷特性曲线或速度特性曲线绘制万有特性曲线。

5.3.6　机械损失功率试验

机械损失功率试验目的及试验方法如下。

（1）目的：测定发动机的机械损失功率。本试验与外特性试验一起进行以便准确地计算发动机的机械效率。

（2）试验方法：油门全开，切断油路后切断电路，用直流电力测功器拖动发动机。从额定转速开始，逐步下降至最低转速，适当分布 8 个以上的测量点，试验在发动机熄火后 3min 内完成。

测量进气状态、转速、机械损失扭矩、汽油机进气管真空度、机油温度及黏度。计算机械效率，绘制机械损失功率－转速曲线及机械效率－转速曲线。机械效率 η_m 的计算公式如下：

$$\eta_m = \frac{P_e}{P_e + P_T} \tag{5-1}$$

式中　P_e——油门全开、相同转速下发动机输出的功率，取自外特性试验数据；

　　　　P_T——油门全开、相同转速下发动机机械损失的功率，根据本试验测量数据算出。

以下介绍用油耗法近似地求出柴油机的机械效率：设一定时间内满负荷耗油量为 G_T，它可以看成由两部分组成，第一部分是完成有效功的耗油量，第二部分是维持该转速空转的耗油量。在冒烟界限内工作的柴油机，转速一定而负荷变化时指示效率及机械效率的变化不大。因此，对于柴油机，上述的第二部分耗油量可用测相同转速、相同时间的空转耗油量 G_{T0} 的办法求出。于是该转速下满负荷的机械效率可近似地表达为

$$\eta_m = \frac{G_T - G_{T0}}{G_T} \tag{5-2}$$

5.3.7　发动机调速特性试验

发动机调速特性试验目的及试验方法如下。

（1）目的：评定发动机的稳定调速率。

（2）试验方法：卸除全部负荷，油门全开，使发动机转速达到最高转速。然后逐渐增加负荷使转速逐渐下降，直至最大扭矩转速附近为止。选取 10 个以上的测量点，使较多的点分布在转折区。

测量进气状态、转速、扭矩、燃油消耗量。绘制发动机调速特性曲线，找出调速器开始不起作用的转速 n_1 和最高转速 n_2，按式（5-3）计算稳定调速率 δ。

$$\delta = \frac{n_2 - n_1}{n_B} \times 100\% \tag{5-3}$$

式中，n_B 为额定转速。

5.3.8　各缸工作的均匀性试验

各缸工作的均匀性试验目的及试验方法如下。

（1）目的：测定各缸工作的均匀性，以便寻求使各缸工作均匀的措施，达到提高发动机燃油经济性、运转平稳性和减少排放污染的目的。

（2）试验方法：

1）汽油机。切断油路后切断电路，用电力测功器拖动发动机。测量各种转速（包括额定转速和最低转速，适当分布 10 个以上的测量点）气缸的压缩压力。测试时，非测试气缸的火花塞应全部装好。绘制各缸压缩压力－转速曲线，以判

断各缸吸气的均匀性，在各缸排气门座圈锥面上或靠近排气门座的歧管上（各缸排气道是分开的情况下）打孔取样，用红外线分析仪化验排气中一氧化碳的含量，以判断各缸混合气浓度分配的均匀性。

2）柴油机。进行各缸压缩压力的测定；单缸熄火功率的测定，与不熄火的功率相比较，求出各缸发出的功率，以判断各缸工作的均匀性。

5.3.9　机油消耗试验

机油消耗试验目的及试验方法如下。

（1）目的：评定发动机规定工况下的机油消耗量。

（2）试验方法：加入新机油至发动机油标尺上限，起动，尽快调到80%额定转速及该转速30%的负荷，待机油温度稳定后，停机，立即转动曲轴。在1min内顺转曲轴一圈并继续顺转至第一缸上止点，在这一分钟终了时拆油底壳的放油螺塞，准确地放油15min，装回螺塞。

称量放出的机油及容器、漏斗的总质量 W_1，将该油倒回发动机再称量未能倒净的机油及容器、漏斗的总重 W_2。两次质量之差（$W_1 - W_2$）为倒入发动机的机油量 W_i。

起动发动机，迅速调到80%的额定转速、全负荷运行3h，继续在80%额定转速及该转速30%的负荷，再运行3h（总共6h），停机。同样地转动曲轴、放油、称重，求出经试验后放出机油及容器、漏斗的总质量 W_3，W_3 与 W_2 之差为试验后放出机油的质量 W_c。

机油总消耗量 $G_0 = W_i - W_c$。

试验中发动机所漏出的机油，用一定质量的干棉纱及时擦净，棉纱质量的改变即为总漏油量 G_{01}。

发动机的总窜油量 $G_f = G_0 - G_{01}$。

测量6h试验中燃油总消耗量 $\sum G_f$、机油总消耗量、总窜油量、总漏油量、机油温度、汽油机进气管真空度、机油黏度、进气状态、转速及扭矩。

计算机油与燃油消耗的百分比 $\dfrac{G_0}{\sum G_f} \times 100\%$，窜油与燃油消耗的百分比 $\dfrac{G_{0P}}{\sum G_f} \times 100\%$ 及平均漏油量 $\dfrac{G_{01}}{6} \times 1000 \mathrm{g/h}$。

5.3.10　活塞漏气量试验

活塞漏气量试验目的及试验方法如下。

（1）目的：评定活塞组与缸筒的气密性。本试验也可用来监督这对摩擦副的工作情况，以便及早发现拉伤、卡环等故障。所以，在磨合及可靠性试验中均可以不断地测量。

（2）试验方法：堵住曲轴箱与外界交往的一切通道，如曲轴箱通风的进出口、油标尺孔、汽油泵大气孔及各种罩盖接合处，要求曲轴油封密封正常（曲轴箱内为 20mm 水柱压力时，其泄气量不大于 5L/min）。将活塞漏气量测量仪与曲轴箱相连，油门全开，在发动机工作转速范围内，顺序地改变转速进行测量。适当分布 8 个以上的测量点。记录进气状态、转速、漏气量、扭矩及燃油消耗量。绘制活塞漏气量 – 转速曲线。

6 液压元件检验

6.1 液压元件的特点、类型和应用

不同结构的液压元件，有其不同的用途和特点，常用液压元件的特点、类型和应用见表 6-1 和表 6-2。

表 6-1 液压泵、马达特点

分类	名称	类型	特 点	应 用
油泵类	齿轮泵	外啮合	1. 结构简单，便于制造； 2. 工作可靠，维护方便； 3. 耐冲击负荷，旋转惯性小； 4. 易漏油、轴承负荷大，易磨损； 5. 效率较低； 6. 吸油高度不大于500mm	用于中等速度压力不大的简单液压系统中
		内啮合		
	叶片泵	单作用非卸荷式	1. 可调节流量作变量泵； 2. 运动部件多，泄漏较大； 3. 压力低，调节不方便	1. 结构紧凑，外形尺寸小； 2. 噪声较低，使用寿命较长； 3. 吸油高度不大于500mm	常用于中、快速度，压力中等的液压系统中
		双作用卸荷式	1. 压力较高作定量泵； 2. 输油均匀		
	柱塞泵	轴向式	1. 结构紧凑，径向尺寸小； 2. 转速高，惯性矩小； 3. 压力大，效率高； 4. 轴向尺寸，轴向力大； 5. 止推轴承结构复杂，制造较困难	1. 结构紧凑，复杂； 2. 噪声低； 3. 流量调节方便； 4. 单位质量功率大，体积较小； 5. 效率最高； 6. 使用寿命长	广泛用于高压、大功率的液压系统中
		径向式	1. 作用力小； 2. 变量调节方便		
	螺杆泵		1. 结构简单，质量轻，容积效率高； 2. 流量及压力脉动小，输油均匀，工作可靠； 3. 运转率稳，噪声低，寿命长； 4. 吸入扬程高，真空度达44100~58800Pa； 5. 加工困难，不能改变流量； 6. 效率中等	用于机床或精密机械设备的液压系统中

分类	名称	类型	特　点	应　用
马达类	液压马达	齿轮式	1. 功率小、扭矩小； 2. 结构简单、惯性小； 3. 转速较高，能适应 3000r/min 高速要求； 4. 最低转速在 150～400r/min	用于小功率的高速传动
		叶片式	1. 功率、扭矩稍大于齿轮式马达； 2. 不适用于 50～150r/min 的低速； 3. 结构简单，惯性小	用于低扭矩、高转速的场合
		柱塞式	1. 功率、扭矩大； 2. 调速范围广	用于大功率、大扭矩。调速范围广的液压系统中

表 6-2　液压阀特点

分类	名　称	特　点　与　作　用
液压阀	溢流阀	1. 作为安全阀、防止液压系统过载，这时常用于变量泵系统； 2. 作为溢流阀，使液压系统压力恒定； 3. 作为顺序阀、卸荷阀、远程调压阀、高低压多级控制阀用
	减压阀	1. 作为油路稳定工作压力的调节装置、保证油路压力恒定； 2. 和节流阀串联，保证节流阀前后压力差恒定； 3. 应用时，减压阀泄油口直接接回油箱，以保证其工作正常
	顺序阀	1. 利用油路压力来控制曲缸或马达顺序动作、实现油路系统自动控制； 2. 作为普通汇流阀使用，作为卸荷阀使用； 3. 作为平衡阀，防止油缸或工作机构因自重而下滑
	节流阀	1. 调节油的流量、改变工作机构的工作速度； 2. 无压力补偿及温度补偿，不能自动补偿负载及油黏度变化引起的速度不稳定； 3. 结构简单，故障较少； 4. 可用于进油节流、回油节流和旁路节流； 5. 种类有固定式、可调式和温度补偿式三种节流阀
	调节阀	1. 用于调整和稳定液压回路流量，一般用来控制油缸和马达的运动速度； 2. 其特点是在节流阀上加上压力补偿装置，使流量不受负载变化的影响，用于进油或回油节流调速系统； 3. 种类有压力补偿调速阀、压力温度补偿调速阀、单向压力补偿调速阀、单向压力温度补偿调速阀
	手动、电磁、液动、电液动、行程换向阀	1. 用于液压系统油路换向，实现油路控制动作的换向运动或动作的自动循环； 2. 液压阀与电磁铁组合，对电磁铁的制造质量和动作稳定性要求较高，电、液控制信号要可靠； 3. 手动换向阀制造比较方便、动作可靠

分类	名　称	特　点　与　作　用
液压阀	单向阀	1. 用于控制液压油只向单一方向流动，以实现油路的定向控制或用于油路的某种保护； 2. 结构简单，便于制造； 3. 对钢球与密封孔口的接触要求较高，以保证有良好的密封性
	手动阀	1. 用于变换油路的方向，以实现对动作先后次序的需要； 2. 结构简单，制造方便、动作可靠
液压开关	压力表开关	1. 用于接通压力表油路的开关阀； 2. 对通油量有较高的要求，以保证测压力指示正常
	压力继电器	1. 用于在恒定压力下保证控制电路接通，以保护液压系统不致在断油后受到损害； 2. 对压力变化感受要有可靠的灵敏度
油缸	液压缸	1. 借助液压油压力作用，实现活塞往复运动，以带动与活塞杆相连机件的往复运动或作为单方向的力的支点； 2. 结构简单，但对活塞与油缸配合要求较高

6.2　常用液压元件的检验

6.2.1　液压元件检验项目与要求

　　液压元件质量优劣将直接影响与其配套的主机的工作性能和安全可靠性。因此，液压元件在安装前应进行严格的检验，合格后方可安装。液压系统的检验项目与要求见表6-3。对液压元件进行检测试验时，应按下列标准进行。

　　（1）《液压传动系统及其元件的通用规则和安全要求》（GB/T 3766—2015）。

　　（2）《液压泵空气传声噪声级测定规范》（GB/T 17483—1998）、《液压泵、马达和整体传动装置稳态性能的试验及表达方法》（GB/T 17491—2011）。

　　（3）《流量控制阀试验方法》（GB/T 8104—1987）、《液压阀　压差－流量特性试验方法》（GB/T 8107—1987）、《液压传动　电调制液压控制阀　第1部分：四通方向流量控制阀试验方法》（GB/T 15623.1—2018）、《液压传动　电调制液压控制阀　第2部分：三通方向流量控制阀试验方法》（GB/T 15623.2—2003）标准。

　　（4）《液压缸试验方法》（GB/T 15622—2005）标准。

表 6-3 液压元件试验项目与要求

元件名称	检验项目	要　　求
液压泵（齿轮式、叶片式、柱塞式、螺杆式）	跑合试验	1. 额定转速下，空载压力工况排量不得低于额定排量的 95%，并不得超过额定排量的 110%； 2. 在整个跑合过程中运转应正常
	满载试验	1. 容积效率、总效率不得低于规定值； 2. 压力振摆不得超过规定值
	超载试验	不得有异常现象
	外渗漏及噪声、振动、温升试验	不得有异常现象
马达（齿轮式、叶片式、柱塞式）	跑合试验	1. 额定转速下，空载压力工况排量不得低于额定排量的 95%，并不得超过公称排量的 110%； 2. 在整个跑合过程中运转应正常
	满载试验	容积效率、总效率不得低于规定值
	超载试验	不得有异常现象
	外渗漏及噪声、振动、温升试验	不得有异常现象
溢流阀	调压范围及压力稳定性	1. 压力应平稳上升与下降，不得有尖叫声；调节压力应符合规定的调节范围； 2. 压力振摆不得大于规定值； 3. 压力偏移不得大于规定值
	内泄漏量	内泄漏量不得大于规定值
	启闭特性	在闭合压力与开启压力下，通过被试溢流阀的溢流量不得大于规定值
	外渗漏	不得有外渗漏
减压阀	调压范围及压力稳定性	1. 压力表指针应平稳上升与下降，调节压力应符合规定的调压范围； 2. 压力振摆不得大于规定值； 3. 压力偏移不得大于规定值
	进口压力变化引起出口压力变化量	出口压力的变化量不得大于规定值
	流量变化引起出口压力变化量	出口压力的变化量不得大于规定值
	外泄漏量	外泄漏量不得大于规定值
	动作可靠性	被试减压阀的出口压力应迅速卸荷或升压，升压后调定的出口压力变化，不得大于规定的偏移量

元件名称	检验项目	要　　求
顺序阀	调压范围及压力稳定性	1. 压力表指针应平稳上升与下降，不得有尖叫声，调节压力应符合规定的调压范围； 2. 压力振摆不得大于规定值
	内泄漏量	内泄漏量不得大于规定值
	外泄漏量	仅对内控顺序阀、外控顺序阀、内控单向顺序阀、外控单向顺序阀试验，外泄漏量不得大于规定值
	启闭特性	在闭合压力和开启压力下，通过被试阀的流量不得大于规定值
	动作可靠性	被试阀应能迅速关闭
节流阀	流量调节范围及流量变化率	1. 流量应均匀变化，不得有断流现象。调节流量应符合规定的流量调节范围； 2. 流量变化率不得大于10%
	内外泄漏量	内、外泄漏量不得大于规定值
	动作可靠性	仅对行程节流阀、单向行程节流阀和带有节流阀的单向行程节流阀试验，被试阀的行程阀阀芯的复位应迅速，不得有卡死现象
调速阀	流量调节范围	流量应均匀地变化，不得有断流现象，调节流量应符合规定的流量调节范围
	内、外泄漏量	无泄油口时，外泄漏量不试验。内、外泄漏量不得大于规定值
	油温变化对流量的影响	仅对温度补偿调速阀、温度补偿单向调速阀进行试验。流量变化率不得大于规定值
电磁换向阀	换向性能	换向和对中、复位应迅速，不得有外泄漏现象，电磁铁不得有叫声或抖动
	内泄漏量	内泄漏量不得大于规定值
	滑阀机能	滑阀机能应符合图纸规定要求
电液动、液动、手动、行程换向阀	滑阀机能	滑阀机能应符合图纸规定要求
	换向性能	1. 对电液动、液动换向阀，换向和对中、复位应迅速； 2. 对手动换向阀，手柄操作应轻便灵活，无卡紧现象； 3. 对行程换向阀，阀芯移动应灵活，阀芯行程应符合规定值
	内泄漏量	内泄漏量不得大于规定值

元件名称	检验项目	要　　求
单向阀	内泄漏	不得有内泄漏
	开启压力	开启压力不得大于规定值
手动转阀	换向性能	手柄转动应灵活，液压缸能迅速换向，对三位手动转阀，在中间位置时液压缸应能停住
	泄漏量（包括泄漏口的泄漏量）	泄漏量不得大于规定值
压力表开关	测压准确性	压力表测量的各点压力应与调定的压力相符（从另外的调压压力表上读出的压力）
	内、外泄漏	内、外泄漏不得大于规定值（按设计要求）
压力继电器	调压范围	最低调节压力、最高调节压力应符合规定的调压范围
	灵敏度	仅对通断区间不可调者试验，灵敏度不得大于规定值
	通断区间调节	仅对通断区间可调者试验，通断调节区间应符合规定的范围
	重复精度	重复精度不得大于规定值
	外泄漏量	仅对有泄油口者试验，外泄漏量不得大于规定值
	延时时间	仅对延时压力继电器试验，延时时间应符合规定要求；延时变化率不得大于15%
液压缸	试运转	不得有外渗漏等不正常现象
	最低起动压力	最低起动压力不得超过规定值
	最低稳定速度	不得有爬行等不正常现象
	内泄漏量	内泄漏量不得超过规定值
	外渗漏	外渗漏不能成滴
	耐压试验	不得有外渗漏等不正常现象
	全行程试验	按设计要求

6.2.2　液压元件的拆卸检验

　　液压元件除国标进行必试项目检测试验外，为了进一步了解其内在质量，必要时还须进行拆卸检验。

　　将元件拆卸，检测元件本体和阀芯等主要零件的表面质量、表面粗糙度、尺寸精度、几何形状（如圆度、圆柱度等）和计算配合间隙，看其是否符合要求，以评定其能否在规定的时间内保持其运动功能，是否满足配套主机可靠安全的要求。

此外，拆卸检验中还可以检测其内部清洁度。方法是用汽油冲洗配合零件，然后用过滤法滤除汽油中的杂质，用天平称出杂质质量，依此评定其清洁度是否符合规定。清洁度对于液压元件的运动灵敏性有着直接的影响，不能忽视这一点。

7 电气设备检验

7.1 仪　　表

7.1.1　压力表

7.1.1.1　分类

压力表一般由指示器和传感器组成，包括气压表和液压表。按结构型式分类（见表7-1），根据使用要求压力表可制成普通型或湿热型。

表 7-1　气压表种类

型式	种类	指示器和传感器		
		指示器	传感器	附属装置
电气式	1	电磁式	可变电阻式	—
	2	动磁式		
	3	双金属式	双金属式	
	4		可变电阻式	稳压器
机械式	5	弹簧管式	—	

7.1.1.2　技术要求

A　单位及分度

压力表的单位一般以 MPa 表示，原则上不少于两个分度：下限值－中间值－上限值。其中间压力值约为上限压力值的二分之一。

B　标准环境参数

标准环境参数：

（1）温度：18～28℃；

（2）相对湿度：45%～75%；

（3）大气压：86～106kPa。

C　外观

外观要求：

（1）保护层应均匀，无明显的气泡、斑点、锈蚀及脱落等缺陷；

（2）玻璃或黏度透明材料，不得有影响准确读数的划痕和折光；

（3）标度盘上的分度线、符号、数字及黏度标志必须清晰、完整；

（4）压力表指示器的显露部分不得有刺眼的光泽；

（5）第3、4种电气式压力表指示器，在不工作时，其指针应位于零分度线以下，也可触接零分度线；机械式压力表在不工作时，其指针应停靠止挡，且不得离开零分度线。

D　漆层和镀层

参见表面处理件检验。

E　可动部分的运动状态

当压力平稳变化时，压力表指示器的指针运动应平稳，不得有明显的跳动和卡住现象。

F　基本误差

压力表的基本误差不得超过如下规定：

（1）电气式压力表标度尺中间压力值的基本误差为上限压力值的 ±10%，标度尺上限压力值的基本误差为上限压力值的 ±20%；

（2）机械式压力表标度尺中间和上限压力值的基本误差，均为标度尺上限压力值的 ±4%。

G　指针响应时间

当压力从标度尺上限急剧地降为零时，压力表指示器的指针必须在 2min 内回到上限压力值的 10% 以下，当压力为零时，指针不得离开零分度线。

H　过载

电气式压力表应能承受 1.3 倍标度尺上限压力的过载试验，机械式压力表应能承受 1.2 倍标度尺上限压力的过载试验，试验后均应符合上述第 E、F 条的规定。

I　耐电压

电气式压力表指示器应能承受 50Hz，实际正弦波 550V 电压，历时 1min 的试验，其绝缘不应被击穿。

J　耐温性

压力表在按表 7-2 所示的放置温度进行耐温性试验后，外观应无异常变化，并应符合上述第 E、F 条的规定。

表 7-2　耐温性试验参数

放置温度	指示器及黏度传感器	发动机机油压力传感器
低温	−30℃	
高温	70℃	100℃

K　温度影响

压力表在按表7-3所示的工作温度范围进行温度影响试验时，由此引起指示值的变化量不得超过如下规定：

（1）电气式压力表为标度尺上限值的10%。

（2）机械式压力表为标度尺上限值的4%。

试验后，应符合上述第E、F条的规定。

表7-3　温度影响试验参数

放置温度	指示器及黏度传感器	发动机机油压力传感器
低温	−30℃	
高温	20~55℃	23~80℃

L　电压影响

电气式压力表按表7-4所示的电压波动范围进行电压影响试验时，由此引起指示值的变比量不得超过标度尺上限压力值的10%。

表7-4　电压影响试验参数　　　　　　　（V）

标称电压	试验电压	电压波动范围
12	13.5	11~15
24	28.0	22~30

7.1.1.3　试验方法

A　试验条件

试验条件如下。

（1）压力表指示值检验时，应在上述标准环境温度下进行，其中发动机润滑系统压力表传感器接头处温度为50℃。

（2）压力表指示器应与其配套设计的传感器配套进行试验。

（3）试验用的电源为直流电源，其波纹电压不得大于15mV。

（4）标准压力表的精度应不低于0.4级。

（5）标准温度计的准确度应不低于±1℃。

B　外观检查

外观检查时，应给予约300lm的均匀照度，目距500mm，用视觉检查法检查。

C　漆层和镀层的检查

参见表面处理件检验。

D　基本误差试验

试验是用与标准压力表比较的方法，在压力表的标度尺中间压力值和上限压力值上进行。试验时，应首先在标度尺上限压力值的压力下，保持压力不少于2min（对第1、2种压力表保持不少于6min），然后压力平稳地按先下降后上升的顺序变化，当压力为零通电时，指针不应离开零分度线。在读取指示值前，应在被检分度线处，保持不少于2min，同时进行可动部分的运动状态的检查。

E　指针响应时间试验

首先使压力表稳定指示在标度尺上限压力值上，然后将压力急剧地降为零，待指针回到上限压力值的10%时，记取指针响应时间。

F　过载试验

对电气式压力表应给予标度尺上限压力值1.3倍的压力，对机械式压力表应给予标度尺上限压力值1.2倍的压力，试验时间均为1min，试验后压力表应在标准环境条件下放置不少于4h，再检验其可动部分运动状态和指示值。

G　耐电压试验

对外壳不接地的压力表指示器电路系统与外壳之间加以规定的电压。

试验时，施加的电压应从不超过规定电压全值的一半开始，均匀缓慢地上升至全值，并保持1min，然后再均匀缓慢地下降至零，上升和下降的时间均不少于10s。

当压力表中装有电子元器件时，应将这些元件断开或在装配这些元器件之前进行耐电压试验。

H　耐温性试验

首先将压力表直接放入温度已降至（-30±3）℃的低温箱中，保温1h后取出，在标准环境条件下，用视觉检查法检查压力表外观有无异常变化。然后在此环境条件下放置1h，再将压力表放入温度为（70±2）℃［其中发动机润滑系统压力表传感器放入温度已升到（100±2）℃］的高温箱中，保温1h后取出，在标准环境条件下，用视觉检查法检查压力表外观有无异常变化。

要求试验箱在放入压力表后的12min内，能够恢复到压力表放入前已调准的温度。

试验后，压力表应在标准环境条件下放置不少于4h，再检验其可动部分运动状态和指示值。

I　温度影响试验

电气式压力表的试验仅在压力上升时的标度尺中间压力值上进行，机械式压力表的试验应在标度尺中间压力值和上限压力值上进行。

（1）高温影响。先在标准环境条件下检验压力表的指示值。接着将压力表放入高温箱中，随箱升温至（65±2）℃［其中发动机润滑系统压力表传感器接头处温度调至（80±2）℃］，保温2h后检验其指示值，由此得出高温与标准环境条件之间指示值的差值。然后将压力表取出，在标准环境条件下放置不少于

4h，再检验其可动部分运动状态和指示值。

（2）低温影响。先在标准环境条件下检验压力表的指示值，接着将压力表放入低温箱中，随箱降温至（-20±3）℃［其中发动机润滑系统压力表传感器接头处温度调至（23±5）℃］，保温3h后检验其指示值，由此得出低温与标准环境条件之间指示值的差值。然后将压力表取出，在标准环境条件下放置不少于4h，再检验其可动部分运动状态和指示值。

J 电压影响试验

首先将电源电压调至试验电压，检验其指示值，然后分别将电源电压调至低、高电压，检验其指示值。由此得出高、低电压与试验电压之间指示值的差值。试验仅在压力上升时的标度尺中间压力值上进行。

7.1.2 转速表

7.1.2.1 分类

转速表按指示转速与其主轴转速之比进行分类，有1∶1和2∶1两种。

7.1.2.2 技术要求

A 分度

转速表的转速单位一般以r/min表示。工程装备用转速表的最小分度值不大于100r/min。

B 标准环境参数

标准环境参数：

（1）温度：18～28℃；

（2）相对湿度：45%～75%；

（3）气压：86～106kPa。

C 外观

外观要求：

（1）保护层应均匀，无明显的气泡、斑点、锈蚀及脱落等缺陷；

（2）玻璃或黏度透明材料，不得有影响准确读数的划痕和折光；

（3）标度盘上的分度线、符号、数字及黏度标志必须清晰、完整；

（4）转速表的显露部分不得有刺眼的光泽；

（5）转速表不工作时，指针轴线应位于起始分度线的范围内。

D 漆层和镀层

参见表面处理件检验。

E 可动部分运动状态

当转速平稳变化时，转速表的指针运动应平稳，不得有卡住现象。在恒定的角速度下，转速表指针在标度尺上限转速值的20%～80%的转速范围内，其摆动量应在上限转速值的 ±1% 以内。

F　基本误差

转速表在标准环境条件下，指示值在标尺上限值的 20% ~ 90% 转速范围内，其基本误差不得超过上限值的 ±3%。

G　耐温性

转速表在按低温为 - 30℃，高温为 70℃ 的放置温度进行耐温性试验后，外观应无异常变化，并应符合上述第 E、F 条的规定。

H　温度影响

转速表在按 - 20 ~ 55℃ 的工作温度范围进行温度影响试验时，由此引起指示值的变化量不得超过被检转速值的 10%，试验后应符合上述第 E、F 条的规定。

7. 1. 2. 3　试验方法

A　试验条件

试验条件如下。

（1）转速表指示值检验时，应在标准环境条件下进行。

（2）试验时，转速表与驱动装置的连接可直接用长度大于 500mm 软轴进行连接，但应排除软轴所产生的摆动影响。

（3）试验用转速表电子校验台或标准转速表的精度均不得低于 0.5 级。

（4）温度计的准确度不得低于 ±1℃。

B　外观检查

外观检查时，应给予大约 300lm 的均匀照度，目距 500mm，用视觉检查法检查。

C　漆层和镀层的检查

参见表面处理件检验。

D　基本误差试验

试验是用与转速表电子校验台或标准转速表比较的方法，按先上升后下降的顺序，考核上限值的 20%、60% 和 90% 三点。

7. 1. 2. 2 节第 E 条的"可动部分运动状态"检查在本试验中进行。

E　耐温性试验

首先将转速表直接放入温度已降至（- 30 ± 2）℃ 的低温箱中，保温 1h 后取出，在标准的环境条件下，用视觉检查法检查转速表外观有无异常变化。然后在此环境条件下放置 1h，再将其放入温度已升到（70 ± 3）℃ 的高温箱中，保温 1h 后取出，在标准环境条件下，用视觉检查法检查转速表外观有无异常变化。

要求试验箱在放入转速表的 12min 内，能够恢复到转速表放入前已调准的温度。

试验后，转速表在标准环境条件下放置不少于4h，再检验其可动部分运动状态和指示值。

F 温度影响试验

本试验在指示值约为上限值的60%处进行。

（1）高温影响。先在标准环境条件下检验转速表的指示值，接着将转速表放入高温箱中，随箱升温至（55±2）℃，保温2h后，检验其指示值，由此得出高温与标准环境条件之间指示值的差值。然后将转速表取出，在标准环境条件下放置不少于4h，再检验其可动部分状态和指示值。

（2）低温影响。先在标准环境条件下检验转速表的指示值，接着将转速表放入低温箱中，随箱降温至（-20±3）℃，保温2h后，检验其指示值，由此得出低温与标准环境条件之间指示值的差值。然后将转速表取出，在标准环境条件下放置不少于4h，再检验其可动部分状态和指示值。对高、低温状态下，转速表指示值的检验，若条件不具备时，也可将转速表取出箱外立即测试，且不得超过2min。

7.1.3 磁感应式车速里程表

7.1.3.1 分类

车速里程表按里程转数比进行分类有1：624、1：637、1：1000等几类。

7.1.3.2 技术要求

A 单位及分度

车速里程定的速度单位km/h表示，里程单位以km表示，其速度最小分度值不大于10km/h。

B 标准环境参数

标准环境参数如下。

（1）温度：18~28℃；

（2）相对湿度：45%~75%；

（3）大气压：86~106kPa。

C 外观

外观要求：

（1）保护层应均匀，无明显的气泡、斑点、锈蚀及脱落等缺陷。

（2）玻璃或黏度透明材料，不得有影响准确读数的划痕和折光。

（3）标度盘上的分度线、符号、数字及黏度标志必须清晰、完整。

（4）车速里程表的显露部分不得有刺眼的光泽。

（5）车速里程表不工作时，指针轴线应位于起始分度线的范围内。

（6）车速里程表用于记录行驶里程数字轮上的数字，必须完整地排列在里程计数窗口内，且表示整数里程和小数里程数字的颜色应能明显辨别。

D　漆层和镀层

参见表面处理件检验。

E　可动部分运动状态

当速度平稳变化时，车速里程表的指针运动应平稳，不得有卡住现象。在恒定的角速度下，车速里程表指针在速度大于 20km/h 和标度尺上限车速值的 80% 的转速范围内，其摆动量应在上限车速值的 ±1% 以内。

F　基本误差

车速里程表在标准环境条件下，基本误差范围应符合表 7-5 的规定。

表 7-5　车速里程表基本误差　　　　　　　　　　（km/h）

指示速度	20	40	60	80	100
实际速度	17 ~ 23	35 ~ 40	55 ~ 60	75 ~ 80	95 ~ 100

G　转矩

使车速里程表机构动作的转矩不得超过 0.02N·m。

H　耐温性

车速里程表在按低温为 -30℃，高温为 70℃ 的放置温度进行耐温性试验后，外观应无异常变化，并应符合本节第 E、F 条的规定。

I　温度影响

车速里程表在按 -20 ~ 55℃ 的工作温度范围进行温度影响试验时，由此引起指示值的变化量不得超过被检车速值的 10%，试验后应符合第 E、F 条的规定。

7.1.3.3　试验方法

A　试验条件

试验条件如下。

（1）车速里程表指示值检验时，应在上述标准环境条件下进行；

（2）试验时，车速里程表与驱动装置的连接可直接用长度大于 500mm 软轴进行连接，但应排除软轴所产生的摆动影响；

（3）试验用车速里程表电子校验台或标准转速表的精度均不得低于 0.5 级；

（4）温度计的准确度不得低于 ±1℃。

B　外观检查

外观检查时，应给予大约 300lm 的均匀照度，目距 500mm，用视觉检查法检查。

C　漆层和镀层的检查

参见表面处理件检验。

D 基本误差试验

试验是用与车速里程表电子校验台或标准车速里程表比较的方法，按先上升后下降的顺序进行。7.1.3.2 节第 E 条"可动部分运动状态"可结合本试验同时进行。

E 转矩试验

车速里程表动作机构的转矩试验，是利用可以测定转矩的专用装置进行的。当其里程累计的数字从 99999.9km，以 5km/h 的平稳速度转到 00000.0km 时，检测其最大转矩不得超过 0.02N·m。

F 耐温性试验

首先将车速里程表直接放入温度已降至 (-30 ± 2)℃ 的低温箱中，保温 1h 后取出，在标准环境条件下，用视觉检查法检查车速里程表外观有无异常变化。然后在此环境条件下放置 1h，再将其放入温度已升到 (70 ± 3)℃ 的高温箱中，保温 1h 后取出，在标准环境条件下，用视觉检查法检查车速里程表外观有无异常变化。

要求试验箱在放入转速表的 12min 内，能够恢复到转速表放入前已调准的温度。

试验后，车速里程表在标准环境条件下放置不少于 4h，再检验其可动部分运动状态和指示值。

G 温度影响试验

本试验在指示值约为上限值的 60% 处进行。

（1）高温影响。先在标准环境条件下检验车速里程表的指示值，接着将车速里程表放入高温箱中，随箱升温至 (55 ± 2)℃，保温 2h 后，检验其指示值，由此得出高温与标准环境条件之间指示值的差值。然后将车速里程表取出，在标准环境条件下放置不少于 4h，再检验其可动部分状态和指示值。

（2）低温影响。先在标准环境条件下检验车速里程表的指示值，接着将车速里程表放入低温箱中，随箱降温至 (-20 ± 3)℃，保温 2h 后，检验其指示值，由此得出低温与标准环境条件之间指示值的差值。然后将车速里程表取出，在标准环境条件下放置不少于 4h，再检验其可动部分状态和指示值。

对高、低温状态下，车速里程表指示值的检验，若条件不具备时，也可将车速里程表取出箱外立即测试，且不得超过 2min。

7.1.4 电流表

7.1.4.1 分类

电流表按结构型式分为电磁式和极化电磁式两种。

7.1.4.2　技术要求

A　单位及分度

电流表的单位一般以安培（A）表示，原则上不少于 4 个分度：负下限值 – 负中间值 – 0 – 正中间值 – 正上限值。

B　标准环境参数

标准环境参数如下。

（1）温度：18～28℃；

（2）相对湿度：45%～75%；

（3）大气压：86～106kPa。

C　外观

外观要求：

（1）保护层应均匀，无明显的气泡、斑点、锈蚀及脱落等缺陷；

（2）玻璃或黏度透明材料，不得有影响准确读数的划痕和折光；

（3）标度盘上的分度线、符号、数字及黏度标志必须清晰、完整；

（4）电流表指示器的显露部分不得有刺眼的光泽；

（5）电流表在不工作时，其指针轴线应位于零分度线范围内。

D　漆层和镀层

参见表面处理件检验。

E　可动部分的运动状态

当电流平稳变化时，电流表指针运动应平稳，不得有明显的跳动和卡住现象。

F　指针的阻尼

当电流表指针运动至标度尺上限时，切断电流，指针必须在 3s 内停止摆动。

G　基本误差

电流表的基本误差不得超过标度尺负下限值和正上限值绝对值和的 ±7.5%。

H　过载

标度尺上限电流值小于 50A 的电流表，应能承受 3 倍上限电流值的过载试验；标度尺上限电流值等于或大于 50A 的电流表，应能承受两倍上限电流值的过载试验。试验后应符合上述第 E、G 条的规定。

I　耐电压

电流表指示器应能承受 50Hz，实际正弦波 550V 电压，历时 1min 的试验，其绝缘不应被击穿。

J　耐温性

电流表在按低温为 – 30℃，高温为 70℃的放置温度进行耐温性试验后，外观应无异常变化，并应符合上述第 E、G 条的规定。

K 温度影响

电流表在按 −20~55℃的工作温度范围进行温度影响试验时，由此引起电流表指示值的变化量不得超过标度尺两限值绝对值和的 5%。试验后应符合上述第 E、G 条的规定。

7.1.4.3 试验方法

A 试验条件

试验条件如下。

（1）电流表指示值检验时，应在标准环境条件下进行；

（2）试验用电源为直流电源，其波纹电压不得大于 15mV；

（3）试验用标准电流表的准确度不得低于 1.0 级。

B 外观检验

外观检查时，应给予约 300lm 的均匀照度，目距 500mm，用视觉检查法检查。

C 漆层和镀层的检查

参见表面处理件检验。

D 指针的阻尼试验

记取电流表的指针从标度尺上限分度线处断电回复到零位静止时所经过的时间，应取 3 次试验测得时间的平均值。

E 基本误差试验

首先检查可动部分的平衡，当电流表自规定的工作位置向左、右各倾斜 90°时，其指针轴线均位于零分度线范围内。然后用与标准电流表比较的方法，按先正后负的顺序，检验电流表除零分度线外的全部分度线。7.1.4.2 节第 E 条"可动部分的运动状态"检查，可结合本试验同时进行。

F 过载试验

将电流表接入电流值为标度尺上限三倍（或两倍）的电路中，历时 1s，试验电流仅向任一方向进行。

试验后检验其可动部分运动状态和指示值。

G 耐电压试验

在标准环境条件下，对外壳不接地的电流表电路系统与外壳之间加以 50Hz、550V 电压试验时，施加的电压应从不超过规定电压全值的一半开始，均匀缓慢地上升至全值，并保持 1min，然后再均匀缓慢地下降至零，上升和下障的时间均不少于 10s。

H 耐温性试验

首先将电流表直接放入温度已降至 （−30±2）℃的低温箱中，保温 1h 后取出，在标准环境条件下，用视觉检查法检查电流表外观有无异常变化。然后在此环境条件下放置1h，再将其放入温度已升到（70±3）℃的高温箱中，保温1h后取出，在标准环境条件下，用视觉检查法检查电流表外观有无异常变化。

要求试验箱在放入转速表的12min内，能够恢复到转速表放入前已调准的温度。

试验后，电流表在标准环境条件下放置不少于4h，再检验其可动部分运动状态和指示值。

Ⅰ　温度影响试验

（1）高温影响。先在标准环境条件下检验电流表的指示值，接着将电流表放入高温箱中，随箱升温至（55±2）℃，保温2h后，检验其指示值，由此得出高温与标准环境条件之间指示值的差值。然后将电流表取出，在标准环境条件下放置不少于4h，再检验其可动部分状态和指示值。

（2）低温影响。先在标准环境条件下检验电流表的指示值，接着将电流表放入低温箱中，随箱降温至（-20±3）℃，保温2h后，检验其指示值，由此得出低温与标准环境条件之间指示值的差值。然后将电流表取出，在标准环境条件下放置不少于4h，再检验其可动部分状态和指示值。

对高、低温状态下，电流表指示值的检验，若条件不具备时，也可将电流表取出箱外立即测试，且不得超过2min。

7.1.5　油量表

7.1.5.1　分类

油量表按结构形式分类见表7-6。

表7-6　油量表分类

种类	指示器	传感器	附属装置
1	电磁式	可变电阻式	—
2	动磁式		
3	双金属式	双金属式	
4		可变电阻式	稳压器

7.1.5.2　技术要求

A　分度

分度是根据油量表传感器浮子的位置，表示油位。原则上不少于两个分度，0（空）-1/2-1（满），也可以用 F 表示满，用 E 表示空。

B　标准环境参数

标准环境参数如下。

（1）温度：18～28℃；

（2）相对湿度：45%～75%；

（3）大气压：86～106kPa。

C 外观

外观要求：

（1）保护层应均匀，无明显的气泡、斑点、锈蚀及脱落等缺陷；

（2）玻璃或黏度透明材料，不得有影响准确读数的划痕和折光；

（3）标度盘上的分度线、符号、数字及黏度标志必须清晰、完整；

（4）油量表指示器的显露部分不得有刺眼的光泽；

（5）第3、4种油量表在不工作时，其指针轴线应位于零分度以下，也可以触及零分度线。

D 漆层和镀层

参见表面处理件检验。

E 可动部分运动状态

当被测油量变化时，油量表传感器的浮子、杠杆、电刷应同步、灵活而稳定的运动，指示器的指针运动应平稳，不得有明显的跳动和卡住现象。

F 基本误差

油量表的基本误差不得超过标度尺全弧长的10%。

G 指针响应时间

当油量表传感器浮子从0空位（E）急剧地移动到1满位（F）时，油量表指示器指针应在2min内指示到标度尺满位值90%以上。

H 耐电压

油量表指示器应能承受50Hz，实际正弦波550V电压，历时1min的试验，其绝缘不应被击穿。

I 耐温性

油量表在按低温为-30℃，高温为70℃的放置温度进行耐温性试验后，外观应无异常变化，并应符合上述第E、F条的规定。

J 温度影响

油量表在按-20～55℃的工作温度范围进行温度影响试验时，由此引起油量表指示值的变化量不得超过标度尺全弧长的10%。试验后应符合上述E、F条的规定。

K 电压影响

油量表在按表7-7中所示的电压波动范围进行电压影响试验时，由此引起其指示位的变化量不得超过标度尺全弧长的10%。

表 7-7　电压影响试验参数　　　　　　　　　（V）

标称电压	试验电压	电压波动范围
12	13. 5	11 ~ 15
24	28. 0	22 ~ 30

7.1.5.3　试验方法

A　试验条件

试验条件如下。

（1）油量表指示值检验时，应在标准环境条件下进行；

（2）油量表指示器应与其配套设计的传感器配套进行试验；

（3）试验用的电源为直流电源，其波纹电压不得大于 15mV；

（4）温度计的精度应不低于 ±1℃。

B　外观检验

外观检查时，应给予约 300lm 的均匀照度，目距 500mm，用视觉检查法检查。

C　漆层和镀层的检查

参见表面处理件检验。

D　基本误差试验

试验是在专用装置上进行，专用装置的高度偏差为 ±2mm。试验中必须保证油量表传感器浮子的高度与它使用时燃油液面的实际高度相当。

试验时，应平稳地改变油量表传感器浮子的高度。按先下降后上升的顺序来读取浮子在 0、1/2、1 处所对应的油量表指示器的指示值。对第 1、2 种油量表指示器，试验前应在"1"（满位）分度线上预热不少于 5min。对第 3、4 种油量表指示器，试验时，应在被检分度线处保持不少于 2min 后，方能读取指示值。7.1.5.2 节第 E 条"可动部分运动状态"检查可结合本试验同时进行。

E　指针响应时间试验

首先将油量表传感器浮子放到 0 空位（E），这时油量表指示器指针应指到标度尺 0 分度线上。当指针稳定后，迅速将浮子移到 1 满位（F），待指针指到标度尺满位值的 90% 时，记取指针响应时间。

F　耐电压试验

在标准环境条件下，对外壳不接地的油量表指示器电路系统与外壳之间加以 50Hz、550V 电压。

试验时，施加的电压应从不超过规定电压全值的一半开始，均匀缓慢地上升至全值，并保持 1min，然后再均匀缓慢地下降至零，上升和下降的时间均不少于 10s。

注：当油量表中装有电子元器件时，应将这些元器件断开或在装配这些元器件之前进行耐电压试验。

G　耐温性试验

（1）首先将油量表直接放入温度已降至（-30±2）℃的低温箱中，保温1h后取出，在标准环境条件下，用视觉检查法检查油量表外观有无异常变化。然后在此环境条件下放置1h，再将其放入温度已升到（70±3）℃的高温箱中，保温1h后取出，在标准环境条件下，用视觉检查法检查油量表外观有无异常变化。

（2）要求试验箱在放入转速表的12min内，能够恢复到转速表放入前已调准的温度。

（3）试验后，油量表在标准环境条件下放置不少于4h，再检验其可动部分运动状态和指示值。

H　温度影响试验

（1）高温影响。先在标准环境条件下检验油量表的指示值，接着将其放入高温箱中，随箱升温至（55±2）℃，保温2h后，检验其指示值，由此得出高温与标准环境条件之间指示值的差值。然后将油量表取出，在标准环境条件下放置不少于4h，再检验其可动部分状态和指示值。

（2）低温影响。先在标准环境条件下检验油量表的指示值，接着将其放入低温箱中，随箱降温至（-20±3）℃，保温2h后，检验其指示值，由此得出低温与标准环境条件之间指示值的差值，然后将油量表取出，在标准环境条件下放置不少于4h，再检验其可动部分状态和指示值。

对高、低温状态下，油量表指示值的检验，若条件不具备时，也可将油量表取出箱外立即测试，且不得超过2min。

I　电压影响试验

首先将电源电压调至试验电压，检验油量表的指示值，然后分别将电源电压调至高、低电压，再分别检验其指示值，由此得出高、低电压与试验电压之间指示值的差值。试验仅在油量表传感器浮子下降时的标度尺中间值上进行。

7.2　起动机检验

7.2.1　技术要求

技术要求如下。

（1）起动机应能在下列条件下正常工作：

1）环境温度：-40～95℃；

2）相对湿度：≤90%。

（2）起动机为短时工作制，额定工作时间为 30s。经额定工作时间试验后冷却至室温，其空载与制动性能参数应符合该产品技术条件。

（3）起动机的旋转方向从驱动端观察。应在起动机适当部位标注旋转方向箭头。

（4）起动机产品技术条件中应包括：

1）空载性能参数（电压、电流、转速）；

2）额定功率时的性能参数（电压、电流、转速、转矩）；

3）制动性能参数（电压、电流、力矩）；

4）起动机电路的电压降。起动机电路（不包括起动机、电磁开关与起动继电器，但包括所有接线点）内，在 20℃时，蓄电池两端与起动机两端每百安培的电压差不得超过表 7-8 规定。

表 7-8　起动机电路的电压降

标称电压/V	V_d（100AH）/V	使 用 条 件
6	0.12	良好与一般
12	0.20	
24	0.40	
12	0.10	恶劣
24	0.17	

注：表中所列的使用条件"良好""一般"与"恶劣"可按实际使用现场的环境对装备影响的严酷程度，包括温度、湿度、风沙、振动和腐蚀程度等因素；装备运行平均行驶里程，装备行驶地区的类别；装备的类别等来确定。

5）按 ZBT 11001 规定试验获得的起动机特性曲线。

（5）装配质量：起动机表面应无损伤，漆层符合要求。对螺纹紧固件应在产品图中规定相应的拧紧力矩（见表 7-9）。

表 7-9　螺纹紧固件拧紧力矩参考值

螺纹直径/mm	拧紧力矩/N·m	螺纹直径/mm	拧紧力矩/N·m
M4	1～2	M8	9.8～14
M5	4.5～5.5	M10	12～15
M6	7～9	M10（磁性螺钉）	38～43

（6）防护等级：起动机防护等级为 IPX4 级。经防护等级试验后，其空载与制动性能应符合该产品技术条件，也可按用户要求采用黏度防护等级。

（7）起动机的互不连接导电零部件之间及导电零部件对机壳之间应能耐受 50Hz 实际正弦波形 550V 电压、历时 60s 的试验，绝缘不被击穿。

（8）起动机应能承受比产品技术条件规定的空载转速高20%的转速、历时20s的超速试验而无损伤，也可按与主机厂商定的较高的转速进行试验。减速、复激式起动机超速试验的转速，由产品技术条件规定。

（9）电磁开关。

1）电磁啮合式起动机的电磁开关的闭合电压应符合表7-10规定；

2）环境温度为23℃时，电磁啮合式起动机电磁开关的释放电压不应大于标称电压的40%；

3）电磁啮合式起动机电磁开关的断电能力，起动机驱动齿轮处于极限位置时，切断开关电源，其主触点应可靠断开；

4）电磁啮合式起动机电磁开关主触点接通20A电流时，两接触螺栓之间的电压值不大于0.04V（接触电阻不大于2mΩ）。

表7-10　电磁开关的闭合电压

试验环境温度/℃	标称电压/V	
	12	24
23	≤9	≤18
95	≤11.2	≤22.4

（10）单向离合器。

1）单向离合器在拨叉及复位弹簧的作用下，应能在电枢轴上顺利滑到啮合位置和返回原位；

2）单向离合器超越试验3次后仍应能可靠工作。

（11）起动机外部的漆层应符合要求。

7.2.2　试验方法

试验方法如下。

（1）如果无特殊说明，试验均按下列条件进行：

1）试验环境符合规定；

2）测量仪表精度符合规定，转速表精度不低于2级；

3）试验条件中规定电压与电流值系按图7-1接线时测得。

（2）起动机额定工作时间试验：在专用试验台上按产品技术条件规定的额定功率参数连续运转30s。

（3）空载性能参数、额定功率性能参数、制动性能参数检查，在专用试验台上进行，空载性能参数应在接通电源、电机运转稳定后进行测量，黏度参数测量应在2～5s内完成。

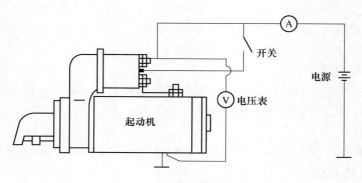

图 7-1　起动机检测试验

（4）起动机特性试验按《起动机特性试验方法》（QC/T 277—1999）规定进行。

（5）防护等极试验：用专用密封件将起动机驱动端密封，并通过胶管与外界空气保持压力平衡，然后按《旋转电机整体结构的防护等级（IP 代码）》（GB 4942.1—2021）中第 8 条进行试验与评价。

（6）耐电压试验。对外壳不接地的压力表指示器电路系统与外壳之间加以规定的电压。试验时，施加的电压应从不超过规定电压全值的一半开始，均匀缓慢地上升至全值，并保持 1min，然后再均匀缓慢地下降至零，上升和下降的时间均不少于 10s。

（7）超速试验：在专用试验台上进行，可用提高起动机端电压的方法使其转速升高。允许采用在总装配前对电枢进行超速的办法代替上述试验，此时，电枢的转速由产品技术条件规定，但不得低于产品技术条件规定的空载转速的 120%。

（8）电磁开关性能检查：

1）电磁啮合式起动机电磁开关闭合电压检查：将电源接在起动机开关上，断开主电路电源，按产品技术要求，在驱动齿轮与限位圈之间放置专门的垫块或采用黏度办法，模拟驱动齿轮与发动机飞轮齿圈顶齿状态，缓慢升高电源电压至电磁开关主触点接通的电压，即为闭合电压。单独试验电磁开关时，允许采用单个电磁开关通电在开关串联线圈中串入一定数值的电阻，测量铁芯在一定的气隙下产生一定的拉力时的电压和电流值的方法进行检查。其数值由产品技术条件规定，但必须保证与测闭合电压的方法等效。

2）电磁啮合式起动机电磁开关释放电压检查：闭合电压试验后，取消对单向离合器的限制，使起动机在空载状态下运转，缓慢降低电源电压直到电磁开关主触点断开时的电压即为释放电压，其值应符合要求。

3）电磁啮合式起动机电磁开关断电能力检查：起动机处于制动状态时，断开开关电源后，电磁开关主触点应能断开。

4）电磁啮合式起动机电磁开关主触点之间电压降检查：在专用试验台上进行。

（9）单向离合器性能检查：

1）接通与断开电磁开关的电源，用目测法检查单向离合器在轴上的移动情况应符合要求。

2）单向离合器的超越试验：在装有飞轮齿环的试验台上进行，齿环另由电动机带动使驱动齿轮达到规定的转速。单向离合器超越运行时间为 2s，共做 3次，相邻两次时间间隔不少于 15s。试验时起动机电枢转速应比单向离合器小齿轮转速低 20% 以上，本试验也可在发动机上进行。

7.3　交流发电机检验

7.3.1　技术要求

技术要求如下。

（1）发电机应能在下列条件下正常工作：

1）环境温度：−40~95℃；

2）相对湿度：≤90%。

（2）交流发电机外观：

1）交流发电机外表面应清洁、无油污、碰伤等现象；

2）交流发电机由黑色金属制造的零部件外露部分，应具有防腐蚀保护层。

（3）交流发电机旋转方向从驱动端视为顺时针方向。

（4）交流发电机输出引线为单线制，并使负极搭铁。

（5）交流发电机冷态和热态工作性能由各具体产品技术条件规定。

（6）配用电子式电压调节器的交流发电机，其电压调节性能还应符合表 7-11的规定。其中调节电压值允许由用户与电机制造厂商定，并在具体产品技术条件中规定。

表 7-11　电子式电压调节器性能

性　能	工作电压等级/V	调节电压或调节电压差值/V
调节电压	12	14.2 ± 0.25
	24	28 ± 0.3
负载特性	12	$\lvert \Delta U \rvert \leqslant 0.5$
	24	$\lvert \Delta U \rvert \leqslant 0.8$
转速特性	12	$\lvert \Delta U \rvert \leqslant 0.3$
	24	$\lvert \Delta U \rvert \leqslant 0.5$

（7）配用电子式电压调节器交流发电机，其高温电压调节性能应符合规定。

（8）交流发电机工作时应无异常的机械噪声。

（9）交流发电机温升应不超过规定的 E 级绝缘的温升限值采用黏度耐热等级或增加黏度温升部位要求时，在各具体产品技术条件中规定。

（10）交流发电机应承受 1.2 倍最大转速，历时 2min 的超速试验。试验后，零部件应无损伤、变形，紧固件不松动，其性能符合规定。

（11）交流发电机各导电部件（不包括电子器件）对机壳间应耐受规定的耐电压试验，绝缘不被击穿。

（12）交流发电机应具有相当 IP30 防护等级的防护能力。

7.3.2　试验方法

试验方法如下。

（1）交流发电机的试验方法按《旋转电机整体结构的防护等级（IP 代码）》（GB 4942—2021）有关规定进行。

（2）紧固件拧紧力矩采用扭矩扳手检查，用精度不低于 0.05mm 的卡尺或专用量具检查外形及安装尺寸。

（3）交流发电机外观及装配质量、旋转方向、输出引线用目测法进行检查。

（4）交流发电机冷、热态工作性能及工作特性试验按《汽车用交流发电机电气特性试验方法》（QC/T 424—1999）规定进行。

1）配外接电子式电压调节器的交流发电机工作性能试验，调节器电源端应直接接到交流发电机 B^+，线路电阻应符合规定。也允许不带调节器进行试验，但磁场回路中应串入一压降相当于 1.5V（在最大磁场电流下）的电阻 R_F，如图 7-2 所示。其试验电压为 13.5V 或 27V。

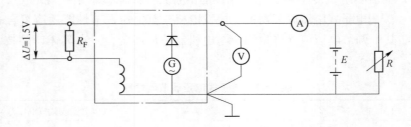

图 7-2　磁场回路中的电阻

2）交流发电机热态性能试验允许在发电机温升试验后进行，但应使交流发电机继续按温升试验条件运行 30min 以上（以 30min 内温度上升不大于 1℃ 为度）。

（5）带电子式电压调节器的交流发电机电压调节性能试验，在环境温度（23±5）℃ 下进行，试验条件见表 7-12。其中调节电压试验还应按"发电机应在额定转速和额定电流状态下运转，直至调节器的温升稳定"的规定。

表 7-12   电压试验条件

试验项目	试 验 条 件
调节电压	$n = 6000 \text{r/min}$，$I = 50\% I_R$
负载特性	$n = 6000 \text{r/min}$，$I_1 = 10\% I_R$（不低于 2A）；$I_2 = 85\% I_R$
转速特性	$I = 10\% I_R$（不低于 2A），$n_1 = 2000 \text{r/min}$，$n_2 = 10000 \text{r/min}$

（6）交流发电机噪声试验用耳听的办法进行。交流发电机在 6000r/min 和 I_R 输出条件下工作，距交流发电机 1m 处用耳听判别。

（7）交流发电机超速试验在室温下进行，交流发电机在不激磁状态下被拖动到 $1.2 n_{max} + 500 \text{r/min}$ 运行 2min。

（8）交流发电机温升试验按规定进行，试验时交流发电机在 3000r/min 和 I_R 2/3 输出条件下，连续运转 1h 以上（以 30min 内温度上升不大于 1℃ 为度）。

（9）防护等级试验：用专用密封件将起动机驱动端密封，并通过胶管与外界空气保持压力平衡，然后按《旋转电机整体结构的防护等级（IP 代码）分级》（GB 4942—2021）中第 8 条进行试验与评价。

7.3.3   电气特性试验

7.3.3.1   电流 – 转速特性

A   目的

当发电机电压维持在试验电压 U_f 时，得出输出电流与转速的关系。

B   电路及要求

（1）电路如图 7-3 所示。

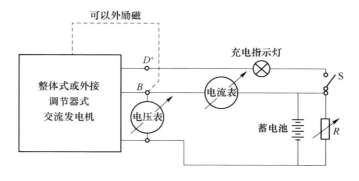

图 7-3   电流 – 转速特性电路

1）电压表应直接连接于发电机的输出端。

2）采用的导线应符合下述要求：发电机输出端接线柱至蓄电池"+"极接线柱间的电阻不得超过 0.007Ω，发电机机壳和蓄电池"-"极接线柱间的电阻不得超过 0.003Ω，采用外接式调节器时，则调节器搭铁端与发电机机壳间的电阻不得超过 0.003Ω，调节器其余连线的总电阻不得超过 0.005Ω。

（2）电流-转速特性须具有下列 5 点：

1）空载转速 n_r。

① 逐渐增加发电机转速直至充电指示灯指示充电开始时，记录该转速。

② 充电指示灯额定值会影响空载转速，除另有要求者外其额定值为 2W。

2）零电流转速 n_0（间接测定）。

① 降低发电机转速直至输出电流介于额定电流的 5% 和 2A 之间，但不能低于 2A。记录其转速和电流以供图解零电流转速用。

② 将电流-转速特性曲线延长至与横坐标相交，该交点的转速即为零电流转速。图解外延法应在完成各项测试后进行。

3）最小工作电流 I_L。调整发电机转速达到 $n_L = 1500r/min$ 时，记录其输出电流。

4）额定电流 I_R。调整发电机转速达到额定转速时，记录其输出电流。

5）最大电流 I_{max}。调整发电机转速达到发电机制造厂规定的最大转速 n_{max} 时，记录其输出电流。

C　试验条件

（1）试验应在室温（23±5）℃的条件下进行，温度偏移应有记录，记录的温度是进风前温度，其基准点应在离发电机进风口 5cm 处。

（2）发电机的旋转方向应符合发电机制造厂规定。

（3）在试验线路中，应使用蓄电池和一个与该蓄电池并联的变阻器 R。

（4）试验时，应使用具有符合标称电压和标称容量的铅-酸蓄电池，其容量值应不低于额定电流值的 50%，用 A·h 表示。蓄电池应充电饱和。

（5）试验仪表的精度见表 7-13。

表 7-13　试验仪表精度

参数	电压	电流	转矩	转速
精度/%	±0.5	±0.5	±2	±1

（6）整个试验过程，应通过变阻器 R 以保持试验电压 U_f 稳定。

（7）发电机试验时应配有电压调节器。为了阻止调节器发生调节作用，试验应在下述试验电压 U_t 下进行：

1）（13.5±0.1）V 适用于 12V 系统；

2）（27±0.2）V 适用于 24V 系统。

D　热态试验方法

试验时应顺序采用下列转速，在每一转速的定子温度达到稳定时记录输出电流值：

2A 时的转速（约 1000r/min），1500r/min，2000r/min，2500r/min，3000r/min，3500r/min，4000r/min，5000r/min，6000r/min，9000r/min，12000r/min 或 n_{max}r/min。

E　快速试验方法

a　快速热态试验

（1）受试发电机应以 3000r/min 的转速，并以实际输出的最大电流升温 30min，升温和测试过程中，发电机应保持试验电压 U_f 稳定。

（2）发电机升温结束后，将其转速降低直至输出电流介于额定电流 I_R 的 5% 和 2A 之间，开始试验记录其电流和转速。

（3）试验时至少应顺序采用下列转速：1500r/min，2000r/min，3000r/min，4000r/min，6000r/min，9000r/min，12000r/min 或 n_{max}r/min。

（4）试验时间不应超过 30s，并维持稳定的转速变化率。

b　快速冷态试验

（1）试验时至少应顺序采用下列转速：2A 时的转速（约 1000r/min），1500r/min，2000r/min，3000r/min，4000r/min，6000r/min，9000r/min，12000r/min 或 n_{max}r/min。

（2）试验时间不应超过 30s，并维持稳定的转速变化率。

7.3.3.2　驱动功率和效率的特性

发电机的驱动功率应通过规定的各测试点测取转矩值进行计算，并求出其效率，从而得出两种特性曲线。

7.3.3.3　调节器功能试验

发电机应在额定转速和额定电流状态下运转直至调节器的温升稳定，然后将负载电流减少至 5A，检查发电机的电压，其值不得超过发电机制造厂所规定的电压值。

注：调节器的电压调节值取决于用户的要求。

7.4　线束检验

7.4.1　低压电线

7.4.1.1　低压电线的颜色

A　电线的颜色及其代号

电线的颜色和代号应符合表 7-14 的规定。

表 7-14　电线颜色和代号

电线颜色	黑	白	红	绿	黄	棕	蓝	灰	紫	橙
代号	B	W	R	G	Y	Br	Bl	Gr	V	O

B　电线颜色的组成

电线颜色的组成:

(1) 电线颜色有单色和双色两种, 单色电线的颜色由表 7-14 规定, 双色电线的颜色由表 7-14 规定的两种颜色配合组成。

(2) 双色电线的辅助色, 一般应为两条轴向条纹或螺旋形条纹, 呈对称分布。但导体截面小于 $0.5 mm^2$ 时, 可以只有一条条纹, 当用户要求时, 允许有 3 条条纹。

(3) 双色电线的辅助色条纹与主色条纹, 沿圆周正面的比例为 $1:3 \sim 1:5$。

C　电线颜色的选用

(1) 选用电线颜色时, 应优先选用单色, 再选用双色。

(2) 电线颜色的选用顺序应符合表 7-15 的规定。

表 7-15　电线颜色选用顺序

选用顺序	1	2	3	4	5	6
电线颜色	B	BW	BY	BR		
	W	WR	WB	WBl	WY	WG
	R	RW	RB	RY	RG	RBl
	G	GW	GR	GY	GB	GBl
	Y	YR	YB	YG	YBl	YW
	Br	BrW	BrR	BrY	BrB	
	Bl	BlW	BlR	BlY	BlB	BlO
	Gr	GrR	GrY	GrBl	GrG	GrB

(3) 各种汽车电器的搭铁线应用黑色电线, 黑色电线除作搭铁线外, 不作其他用途。

D　电线颜色的标注

电线颜色的标注, 采用颜色代号表示。

双色电线的颜色标注, 第一位为主色, 第二位为辅助色。

标注示例:

(1) 单色电线, 红色, 标注为: R。

(2) 双色电线, 主色为红色, 辅助色为白色, 标注为: RW。

7.4.1.2　型号

电缆 (电线) 型号按表 7-16 规定。

表 7-16 电缆（电线）型号

型　号	名　称	主要用途
QVR	铜芯聚氯乙烯绝缘低压电线	电器及仪表线路用
QFR	铜芯聚氯乙烯－丁腈复合物绝缘低压电线	
QVR-105	铜芯耐热105℃氯乙烯绝缘低压电线	高温区电器及仪表线路用
QVVR	铜芯聚氯乙烯绝缘聚氯乙烯护套低压电缆	与挂车间电器线路用

7.4.1.3　规格

电线规格按表 7-17 规定。

表 7-17　电线规格

型　号	芯　数	标称截面/mm²
QVR	1	0.2 ~ 120
QFR		
QVR-105		
QVVR	7	$1 \times 2.5 + 6 \times 1.5$

7.4.1.4　导体

（1）导体应符合《电缆的导体》（GB 3956—2008）的规定。

（2）导体中的铜单线可以镀锡。

7.4.1.5　绝缘

（1）绝缘应紧密地挤包在导体上，且应容易剥离而不损伤绝缘导体或镀锡层。绝缘表面应平整、色泽均匀。

（2）绝缘的平均厚度应不小于规定的标称值，其最薄点的厚度应不小于标称值的90%。

（3）绝缘线芯应经受《电线电缆电性能试验方法　第9部分：绝缘线芯火花试验》（GB/T 3048.9—2007）规定的50Hz火花试验。

（4）绝缘线芯颜色标志：

1）绝缘线芯应采用颜色识别标志，并应符合《电线电缆识别标志方法》（GB/T 6995.2—2008 ~ GB 6995.4—2008）的规定。

2）QVR、QFR 及 QVR-105 型电线的颜色标志为单色或双色。

① 单色电线标志的颜色和代号按表 7-18 规定。

表 7-18　单色电线标志颜色和代号

电线颜色	黑	白	红	绿	黄	棕	蓝	灰	紫	橙
代号	B	W	R	G	N	Br	U	S	P	O

②双色电线标志由主色和辅色两种颜色组成，辅色为两条及以上轴向直条，呈对称位置分布；辅色与主色的宽度之比不大于 2∶8。双色电线标志的颜色和代号按表 7-19 规定。

表 7-19　双色电线标志颜色和代号

主　色	辅　色						
	红	黄	白	黑	棕	绿	蓝
红（R）	—	0	0	0	—	0	△
黄（Y）	0	—	0	0	△	△	△
蓝（U）	0	0	0	0	△	—	—
白（W）	0	0	0	0	0	0	△
绿（G）	0	0	0	0	0	—	0
棕（N）	0	0	0	0	0	0	0
紫（P）	—	0	0	0	0	0	△
灰（S）	0	0		0	0	0	0

注：表中"0"表示主、辅色可以组合，"△"表示不推荐的主辅色组合。

③ QVVR 型电缆的绝缘线芯应为单色颜色标志，各绝缘线芯的颜色和排列如图 7-4 所示。图 7-4 中白色绝缘线芯标称截面为 2.5mm²，其余绝缘线芯为 1.5mm²。

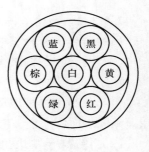

图 7-4　绝缘线芯颜色和排列

7.4.1.6　试验方法

A　130min 工频交流电压试验和击穿电压试验

(1) 试验设备应符合《电线电缆电性能试验方法　第 8 部分：交流电压试验》（GB 3048.8—2007）的规定。

(2) 30min 工频交流电压试验。在成品电线上截取长度为 1.2m 的试样 3 个。将试样浸入室温下〔(23±5)℃，下同〕的氧化钠溶液（水与氯化钠的质量比为 100∶3）中，试样两端露出液面的长度为 400mm，4h 后在试样导体和溶液之间施加规定的试验电压，持续 30min，3 个试样应均不击穿。

注：加电压次序：
1. 蓝、黄、绿芯接高压，黑、红、棕、白芯接地。
2. 黑、红、棕芯接高压，蓝、黄、绿、白芯接地。
3. 蓝、黑、黄、红、绿、棕、白七芯并联接高压。

(3) 击穿电压试验。在 30min 工频交流电压试验后，以 500V/s 的升压速度将电压升至规定的击穿电压值，3 个试样均应不发生击穿。

B 过热试验

从成品电线上截取长为 500mm 的试样 3 个，将试样垂直悬挂在自然通风烘箱内 48h，取出试样，待试样冷却至室温后按《电缆（电线）卷绕试验方法》的规定进行卷绕试验，经卷绕试验后的 3 个试样绝缘或护套均应不出现正常视力可见的裂纹。

C 低温卷绕试验

试验设备应符合《电缆和光缆绝缘和护套材料通用试验方法 第 12 部分：通用试验方法——热老化试验方法》（GB 2951.12—2008）的规定。

从成品电线上截取长为 400mm 的试样 1 个，试样应垂直放置在低温箱中，一端固定在能转动的试棒上，另一端施加负荷，试样在（-25±3）℃的低温箱中保持 4h（如试验设备已经预冷处理，则为 2h），按规定时间冷却后，在低温箱内以规定的速度均匀地转动试棒，试样至少在试棒上卷绕 3 圈。

试棒直径、负荷和卷绕速度见《电缆（电线）卷绕试验方法》的规定。

取出试验装置，用正常视力检查卷绕在试棒上的试样，单芯电线的绝缘应不出现裂纹，多芯电缆的缆芯应不从护套中凸出而损坏护套。

D 绝缘附着力试验

绝缘附着力试验应在室温下进行。

从成品电线上截取长 150mm 的试样 1 个，在试样的一端剥除至少 100mm 的绝缘，将试样导体插入水平放置的钢板洞眼中，洞眼的直径略大于试样导体的直径，然后在试样导体上悬挂重锤，持续 30s。

检查试样，导体应不从绝缘中脱出。

E 绝缘剥离试验

试验应在室温下进行。

在试样的一端，应能干净地剥离长度至少为 20mm 绝缘而不感到困难。

F 耐油试验

（1）试验用油的性能应符合下列规定：

1）苯胺点：（124±1）℃；

2）运动黏度：（19~21）×$10^{-8}m^2/s$；

3）闪点：≥243℃。

（2）从成品电线电缆上截取长约 500mm 的试样 1 个，浸入试验用油中，试样两端露出油面约 50mm。油温为（90±2）℃，容器中油的温度应均匀。

浸油 48h 后取出试样，将试样表面擦拭干净，冷却至室温。然后按《电缆（电线）卷绕试验方法》的规定进行卷绕试验。

试验后，绝缘应不出现正常视力可见的开裂和撕裂，绝缘颜色仍应能够辨认；护套厚度的变化率应不大于 4%。护套颜色仍应能够辨认。

G　耐燃料试验

（1）试验用燃料液体的组成：

1）三甲基戊烷：50%（体积比）；

2）甲苯：50%（体积比）。

（2）从成品电线电缆上截取长约 500mm 的试样 1 个。浸入室温燃料液体中，试样两端露出液面约 100mm。

试样浸液 30min 后，取出试样，在室温下试样干燥约 30min，然后按《电缆（电线）卷绕试验方法》的规定进行卷绕试验。

试验后绝缘应不出现正常视力可见的开裂和撕裂，绝缘颜色仍应能够辨认；护套厚度的变化率应不大于 6%，护套颜色仍应能够辨认。

H　绝缘刮磨试验

（1）刮磨试验机应能保证刮刀沿试样轴线方向以每分钟 50～60 次的频率刮磨绝缘的表面，刮磨长度应不小于 10mm，并应具有自动记录刮磨次数的计数器，当刮刀刮破绝缘而接触导体时，应能停止刮磨。

（2）试验应在室温下进行。

从成品电线上截取长约 750mm 的试样 1 个，将试样固定在试验装置上，在刮刀上施加规定重量的砝码。

试验完一个点后，将试样向前移动 100mm，并按固定方向转动 90°，共试验 5 点。试验结果取 5 点测试值的平均值。

I　绝缘标称厚度为 0.3mm 电线的绝缘电阻试验

（1）适用范围：本试验方法适用于绝缘标称厚度为 0.3mm 低压电线的绝缘电阻试验。

（2）试验设备：试验设备应符合《电线电缆电性能试验方法　第 5 部分：绝缘电阻试验》（GB 3048.5—2007）的要求。

（3）试样制备：在成品电线上截取长度为 5.5m 的试样 1 个。在试样一端剥去长约 50mm 的绝缘，然后将试样按螺旋形紧密地绕在直径为 100mm 的光洁金属棒上，卷绕时所用的力不小于 5N。

（4）试验步骤：

1）试验在（70±2）℃ 的温度下进行，试样应在此温度下预加热 4h。

2）电线的绝缘电阻应在导体与金属棒之间测量。

3）测试电压为 80～500V。

4）测量充电时间为 1～5min。

（5）试验结果评定：标称截面为 $0.2mm^2$、$0.3mm^2$、$0.4mm^2$ 电线（70±2）℃时的绝缘电阻，应分别不小于 $0.01M\Omega \cdot km$、$0.009M\Omega \cdot km$、$0.007M\Omega \cdot km$。

J 绝缘标称厚度为 0.3mm 电线的交流电压试验方法

（1）适用范围：本试验方法适用于绝缘标称厚度为 0.3mm 低压电线的交流电压试验。

（2）试验设备：试验设备应符合《电线电缆电性能试验方法 第 8 部分：交流电压试验》（GB 3048.8—2007）的要求。

（3）试样制备：在成品电线上截取长度为 1.2m 的试样 3 个，在各试样的一端剥去长约 50mm 的绝缘，然后分别将各试样按螺旋形紧密地绕在直径为 100mm 的光洁金属棒上，卷绕时所用的力不小于 5N。

（4）试验步骤：

1）试验在室温下进行；

2）试验电压施加在电线导体与金属棒之间；

3）试验电压为 1.5kV，电压保持时间不小于 1min，电压应逐渐升高，在 2～10s 时间内达到规定值。

（5）试验结果评定：3 个试样均不击穿为试验通过。

K 电缆（电线）卷绕试验方法

（1）适用范围：本试验方法适用于检查低压电缆（电线）的耐卷绕性能。在本小节中它是其他试验的一个组成部分。

（2）试验设备：

1）试棒：金属制成、表面抛光；

2）砝码；

3）卷绕试验装置。

（3）试样制备。由其他试验方法规定。

（4）试验步骤：

1）将试样的一端固定在卷绕试验装置上规定直径的试棒上，试样的另一端按规定施加负荷，先以顺时针方向卷绕至少 4 圈（当试样外径大于 15mm 时，至少 2 圈），然后退绕使呈螺旋状的部分展开成直线状，再以反时针方向卷绕相同的圈数。

2）线匝应紧密排列，并紧贴试棒表面。

3）卷绕时转速应稳定、均匀。

4）试棒直径、砝码重量、卷绕速度应按规定选取。

7.4.1.7 验收规则

验收规则如下。

（1）应由修理厂的技术检验部门检验合格后方能使用，并附有产品质量检验合格证。

（2）应按规定试验进行验收。型式试验（T）、抽样试验（S）的定义见

《电缆和光缆绝缘和护套材料通用试验方法　第 11 部分：通用试验方法——厚度和外形尺寸测量——机械性能试验》（GB 2951. 11—2008）规定。

（3）每批抽样数量由供需双方协议规定，如用户不提出要求时，由修理厂规定。抽验项目的试验结果不合格时，应加倍取样进行第 2 次试验，仍不合格时，应 100% 试验。

（4）外观应用目测（正常视力）逐件检查。

7.4.2　低压电线束

7.4.2.1　技术要求

低压电线束技术要求：

（1）电线束应符合本小节有关要求。

（2）电线束尺寸应符合下列要求：

1）干线和保护套管长度不小于 100mm，并为 10 的倍数，如 100mm、110mm、120mm 等；

2）直线长度不小于 50mm；

3）接点之间，接点与分支点之间距离不小于 200m；

4）电线与端子连接处的绝缘套管长为（20 ± 5）mm；

5）电线束基本尺寸极限偏差应符合规定。

（3）电线与端子应分别符合下列要求：

1）电线束中电线颜色应优先采用规定的颜色；

2）接头应符合《汽车用低压电线接头型式、尺寸和技术要求》（QC/T 29010—91）和《汽车用蓄电池电线接头型式、尺寸和技术要求》（QC/T 29013—91）的规定。

3）片式插接件和圆柱式插接件应符合《汽车用圆柱式电线插接件型式、尺寸和技术要求》（QC/T 29012—91）的规定。

4）电线应符合低压电线的有关规定。铜编织线应符合《镀锡圆铜线》（GB/T 4910—2022）的规定。

（4）端子与电线连接应优先采用压接方法，并符合下列要求：

1）采用压接方法时，端子应分别压紧在导体和绝缘层上，导体不应压断；

2）采用压接方法的端子与导体压接处的横断面应符合下列要求：

① 端子与导体压接处横断面应符合下列要求：

a. 如图 7-5（a）所示，所有导体的断面应呈不规则多边形，导体与端子压接部位之间应无明显的缝隙。端子压接的卷曲部分 a、b 必须相接，且应包住全部导体。横断面上的端子卷曲部分和内部导体分布应基本对称。

b. 如图 7-5（b）所示，端子压接卷曲部分 a、b 端部距底部 c 的距离 d，不小于单根导体直径的 1/2。

c. 如图 7-5(c) 所示,横断面底部的毛刺长度 a 应不超过端子压接后的厚度 c,毛刺宽度 b 应不超过端子压接后 c 的 1/2。

② 端子与导体压接处横断面不允许存在下列任何一种缺陷:

a. 如图 7-5(d) 所示,端子卷曲部分 a、b 之间有缝隙。

b. 如图 7-5(e) 所示,端子卷曲的端部 a 或 b 与端子其他部位相接。

c. 如图 7-5(f) 所示,横断面上端子压接部位出现裂纹 a。

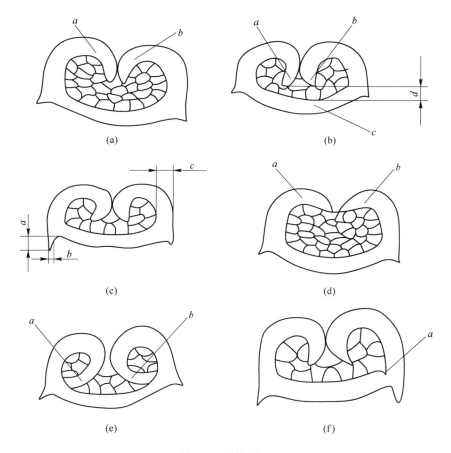

图 7-5 导体断面

③ 采用钎焊的方法时,不允许使用腐蚀性钎剂。焊点应光滑,无漏焊、未钎透、钎剂夹杂等缺陷。

④ 端子与电线连接应牢固,在规定的拉力下不应有损伤和脱开。

(5) 接点应符合下列要求:

1) 采用压接方法时,接点表面绝缘应良好,导体不应压断。

2）采用钎焊方法时，不允许使用腐蚀性钎剂。接点应光滑，表面绝缘良好，无漏焊、未钎透、钎剂夹杂等缺陷。

3）接点应牢固，在规定的拉力下不应有损伤和脱开。

（6）电线束采用绝缘物包扎时，应紧密、均匀、不松散；采用保护套管时，无移位和影响电线束弯曲现象。

（7）电线束中电线与端子连接处的绝缘套管应紧套在连接部位上，无脱开、移位现象。

（8）电线束中电线及零件应正确装配，不应有错位现象，端子在护套中应到位，不应滑出。

（9）电线束中线路导通率为100%，无短路、错路现象。

（10）电线束使用环境温度为 – 25 ~ 70℃，经高、低温试验后应符合规定。

7.4.2.2　试验方法

试验方法如下。

（1）在具体试验方法中，如无其他规定时，试验在下述条件下进行：

1）环境温度：18 ~ 28℃；

2）空气相对湿度：45% ~ 75%；

3）大气压力：86 ~ 106kPa。

（2）电线束尺寸用符合《钢卷尺》（JJG 4—2015）规定的钢卷尺检测。

（3）电线束外观用目测法检查应符合规定。

（4）电线与端子及接点的拉力用示值相对误差不大于1%的拉力试验机检测，拉力试验机夹头的位移速度为25 ~ 100mm/min。

（5）端子与导体压接处横断面检验按下述方法进行。

1）试样制作。将受检样品按图7-6所示位置（应避开端子的加强筋）截断后，把与电线连接的部分固定在树脂类物质中，试样横断面应无影响观察的缺陷。

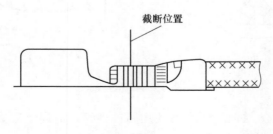

图 7-6　试样截断位置

2）试样检验。将做好的试样用显微镜放大至少20倍，按要求对照检验，必要时拍摄有标尺的照片。

3）检验数量按每条电线束端子总数的 10% 计算，但不得少于 6 个，如果端子总数不足 6 个，则全检。

（6）端子与电线之间电压降试验按《汽车用电线接头技术条件》（QC/T 29009—1991）中的电压降试验方法进行。

（7）线路导通及短路、错路在专用检验台上进行。

（8）低温和高温试验应按下述方法进行：

1）将电线束放入从室温开始的低温箱内，降温到（-25±2）℃时保持 2h 后取出，全部绕在金属圆棒上（圆棒直径应不大于 5 条电线束最大外径之和），电线束要在从箱内取出 2min 之内卷绕完毕，然后进行检查。

2）将电线束放入从室温开始的高温箱内，升温到（70±2）℃时保持 2h 后，取出检查。

7.4.2.3 检验规则

检验规则如下。

（1）验收时采用：

1）抽样方案：一次正常检查抽样方案；

2）检查水平：一般检查水平；

3）合格质量水平：AQL6.5。

（2）电线束须经检验合格后方能使用，并附有证明产品质量合格的标记。

（3）产品的型式检验必须全部合格。如有一个项目不合格时，允许重新抽取加倍数量的产品，就该不合格项目进行复验。如仍不合格时，则该批产品判为不合格。

8 紧固件及钢丝绳检验

8.1 紧固件验收检查规则

紧固件主要包括螺栓、螺柱、螺钉、螺母、木螺钉、垫圈、自攻螺钉、销、铆钉、挡圈等十大类产品，是连接和紧固的基础零件。因此，对紧固件在精度、强度、互换性等方面都必须具有一定的质量要求。

国家对紧固件的验收检查制定了《紧固件验收检查、标志和包装》（GB 90—1985）的标准。机电部又制定了《紧固件产品质量分等标准》（JB/T 58651.13—1999）。

8.1.1 标准应用中的有关说明

标准应用中的有关说明：

（1）标准的使用场合：仅适用于供需双方的成品验收检查，即适用于成品质量的验收，不适用生产过程中的工序检查。

（2）紧固件的验收检查项目仅限于相应产品标准中规定了特性指标的项目。验收时，需方应把重点放在产品能否满足预期的使用要求上，即产品的适用性。

（3）对已接收的产品，在检验和安装中发现有缺陷的紧固件（不包括需方储运或使用不当等造成的缺陷），为了提高供方的产品质量和良好的服务来赢得用户的信任，供方应给予更换和补偿。

（4）可能出现测定结果差异的两种或两种以上的量具进行测量的项目，只要其中一种量具测量合格时，即可判为合格。如垫圈内孔用光滑塞规检查判为不合格，而用游标卡尺测量内孔尺寸却合格，这时应判为合格予以接收。

（5）标准中规定的各项合格质量水平（AQL）均以每100件紧固件的缺陷数表示。如AQL=4.0，则表示为"在每100件紧固件产品中有4个缺陷"的质量水平。

（6）标准中给出的合格判定数（Ac）是表示任一合格项的样本中所允许的最大缺陷数。也就是以项计数，不是以件计数。即如有一件紧固件产品有两个以上缺陷，应分别计在相应的检查项内。

（7）为使各项目的检查和计算机取样工作简单化起见，验收检查时采用相同的样本大小、不同合格判定数的方案。即采用固定样本大小 $n=80$，并根据各抽查项目的 AQL 值，在《紧固件验收检查、标志与包装》(GB 90—1985) 表 2 中查出不同的合格判定数 Ac。不同的合格判定数 Ac 见表 8-1。

表 8-1 合格质量水平 AQL 与合格判定数 Ac 关系

合格质量水平 AQL	0.65	1.0	1.5	2.5	4.0
n/Ac	80/1	80/2	80/3	80/5	80/7

（8）机械性能抽查项目的检查程序，是按先进行非破坏性试验，后进行破坏性试验的原则进行。拉力试验应从硬度值较低的试件中挑取试样。

（9）表面缺陷的抽样方案分为非破坏性和破坏性两种。非破坏性抽样方案为 [8/1]，若在抽查中，其缺陷数未超过其合格判定数，则予以接收，若其缺陷数超过其合格判定数，则按标准规定（见表 8-2）抽取样本进行破坏性试验。如未超过破坏性检查的抽样方案中的合格判定数，则仍可判为接收。

表 8-2 破坏性检查的抽样方案

有缺陷样品的数量范围	样本大小 n	合格判定数 Ac
1 ~ 8	2	0
9 ~ 15	3	0
16 ~ 25	5	0
26 ~ 50	8	0
51 以上	13	0

（10）尺寸精度、表面质量、机械性能的验收检查程序详见《紧固件验收检查、标志与包装》(GB 90—1985) 中的规定。

8.1.2 标准应用实例

某标准件厂向大修单位供应一批螺母，在验收过程中，发现表面缺陷切痕超过要求的有 10 件，后选取其中严重缺陷的螺母，经锥形保证载荷试验发现有一件达不到要求，确定该批螺母是接收还是拒收。

该批螺母验收过程为：按《紧固件验收检查、标志与包装》(GB 90—1985) 中规定有尺寸精度、机械性能、表面质量三个方面分别进行验收检查。

8.1.2.1 尺寸精度的验收检查

尺寸精度的验收检查包括以下几方面。

（1）选取抽查项目及合格质量水平。按《紧固件验收检查、标志与包装》(GB 90—1985) 中"尺寸验收抽查项目及合格质量水平"规定，螺母小于或等于 8 级的主要尺寸项目及其合格质量水平分别见表 8-3。

表 8-3　螺母小于或等于 8 级的主要尺寸项目及其合格质量水平

主要尺寸项目	对边宽度	对角尺寸	螺纹规	螺纹止规	所有其他的尺寸项目
AQL	1.5	1.5	1.5	2.5	4.0

（2）查出抽样方案。按 8.1.1 节验收检查规则有关说明第（7）条内容为产品验收检查采用相同的样本大小不同合格判定数的抽样方案，即采用固定样本大小 $n=80$，并根据各抽查项目的 AQL 值查出不同的合格判定数 Ac（见表 8-1）。

（3）随机抽取样本。从检查批中随机抽取样本 $n=80$。

（4）按相应标准中规定的特性指标项目逐项进行尺寸精度检查。按《1 型六角开槽螺母　C 级》（GB/T 6179—1986）及《普通螺纹、公差与配合》（GB/T 1977—1981）、《紧固件公差　螺栓、螺钉、螺柱和螺母》（GB/T 3103.1—2002）有关检查项目逐件进行尺寸精度检查，并分项记录缺陷数量。

（5）实际缺陷数与抽样方案对照。逐件进行尺寸精度检查，合格判定数（Ac）则在尺寸精度方面可以接收。

8.1.2.2　机械性能的验收

机械性能的验收包括以下几方面内容。

（1）选取抽查项目。按《紧固件验收检查、标志与包装》（GB 90—1985）中的"机械性能抽查项目"规定，螺母的抽查项目为硬度和保证载荷两项。

（2）选取合格质量水平。按《紧固件验收检查、标志与包装》（GB 90—1985）中规定"机械性能抽查项目的合格质量水平，对破坏性试验 AQL=1.5，非破坏性试验 AQL=0.65"的原则，保证载荷试验为破坏性试验取 AQL=1.5，硬度为非破坏性试验取 AQL=0.65。

（3）查出抽样方案。按《紧固件验收检查、标志与包装》（GB 90—1985）中规定"机械性能的抽查项目，必须采用合格判定数为零的抽样方案"的这个原则，从此标准中查出抽样方案（见表 8-4）。

表 8-4　机械性能验收抽样方案

合格质量水平	非破坏性试验 0.65（硬度）	破坏性试验 1.5（保证载荷）
n/Ac	20/0	8/0

（4）随机抽取样本。从检查批中随机抽取样本 $n=20$。

（5）按相应标准中规定的特性指标项目逐项进行机械性能试验。按《1 型六角开槽螺母　C 级》（GB/T 6179—1986）及其相应的标准《紧固件机械性能　螺母》（GB/T 3098.2—2015）查出：性能等级为 5 级的 M12 保证应力为 610N/mm²。硬度 HV_{min} 为 130，HV_{max} 为 302，硬度 HRC_{max} 为 30。粗牙螺纹的保证载荷为

51400N，并规定拉力试验时应从实际硬度值最低的试件中抽查样品的要求，先进行硬度检查，后在最低的硬度中抽取 $n=8$ 逐件进行保证载荷试验。

（6）实际缺陷数对照抽样方案不同的合格判定数（Ac）。与抽样方案对照，未超出规定的合格判定数 Ac，则在机械性能方面可以接收。

8.1.2.3　表面质量的验收

表面质量的验收包括以下几方面内容。

（1）选取抽查项目。按《紧固件验收检查、标志与包装》和相应标准《紧固件表面缺陷　螺母　一般要求》（GB 5779.2—1986），表面缺陷分有：1）裂纹（淬火裂纹、锻造裂纹、销紧部分裂纹、垫圈座裂纹）；2）锻造炸裂和剪切炸裂；3）原材料的裂纹或条痕；4）凹痕；5）皱纹；6）切痕；7）损坏等进行表面质量的检查。

（2）选取合格质量水平。按《紧固件验收检查、标志与包装》（GB 90—1985）中规定，分为非破坏性检查和破坏性检查两种。非破坏性检查的合格质量水平 AQL = 0.65，破坏性检查合格质量水平是按标准中"破坏性检查的抽样方案"进行。

（3）查出抽样方案。按《紧固件验收检查、标志与包装》（GB 90—1985）标准中规定，非破坏性检查的抽样方案为［80/1］；破坏性检查则在非破坏性检查中发现的有最严重缺陷的样品组成。

（4）随机抽取样本。从检查批中随机抽取样本 $n=80$。

（5）根据相应标准的规定目测或其他非破坏性检查。按《紧固件表面缺陷　螺母　一般要求》（GB 5779.2—1986）的规定进行目测，外观检查未发现有淬火裂纹，但发现有超过要求的切痕 10 件其缺陷数已超过规定不合格判定数［80/1］的要求，则对这批有缺陷的样品进行破坏性的检查。按表 8-2 "破坏性检查的抽样方案"规定，有缺陷样品的数量 9～15 对应的 n/Ac 为 3/0 的抽样方案进行锥形保证载荷试验。

$$锥形保证负荷 PLc = PLa(1 - 0.012D) \tag{8-1}$$

式中　PLa——规定的保证负荷，N；

　　　　D——螺纹大径，mm。

经试验结果发现在 3 件样品中有一件达不到要求，根据抽样方案［3/0］已超过合格判定数为零的要求。

8.1.2.4　综合判定

该批 M12 螺母经验收结果：由于在验收过程中发现表面缺陷切痕超过要求的有 10 件，后经选取其中最严重缺陷的螺母经锥形保证载荷试验发现在 3 件样品中有 1 件达不到要求，根据抽样方案［3/0］已超过合格判定数为零的要求，该批螺母判定为拒收。

8.2　紧固件检测

紧固件主要抽查项目有主要尺寸精度、机械性能、表面缺陷三个方面的检测。

8.2.1　主要尺寸精度项目的检测

主要尺寸精度项目的检测包括以下几方面。

（1）对宽度的检测。

1）产品类别，包括螺栓、螺钉、螺母等产品。

2）标准依据。根据《紧固件六角产品的对边宽度》（GB/T 3104—1982）和《紧固件公差　螺栓、螺钉和螺母》（GB/T 3103.1—2002）的标准检测。

3）测量方法及判定。按相应产品标准规定公差等级要求，用 0.02 游标卡尺进行测量。如实测结果 $f \leqslant t$，则判定为合格。

（2）对角尺寸的检测。

1）产品类型。包括螺栓、螺钉、螺母等产品。

2）标准依据。按《紧固件公差　螺栓、螺钉和螺母》（GB/T 3103.1—2002）标准为根据：六角形的按 $l_{imin} \geqslant 1.13 S_{min}$，带凸缘的产品及黏度冷锻面无切边工序的头部按 $l_{imin} \geqslant 1.12 S_{min}$，方形的按 $l_{imin} \geqslant 1.3 S_{min}$。

3）测量方法及判定。按相应标准规定，用 0.02 游标卡尺进行测量，如实测结果 $l_{imin} \geqslant 1.13 S_{min}$，则判定为合格。

（3）开槽或内凹槽的宽度检测。

1）产品类型。开槽螺钉、十字槽螺钉、紧固螺钉、自攻螺钉、木螺钉等产品。

2）标准依据。按《紧固件公差　螺栓、螺钉和螺母》（GB/T 3103.1—2002）标准为依据。

3）测量方法及判定。按相应产品标准的公差等级要求，用 0.02 游标卡尺进行测量，如实测结果 $f \leqslant t$，则判定为合格。

（4）开槽式内凹槽的深度检测。

1）产品类型，包括开槽螺钉、十字槽螺钉、紧固螺钉、自攻螺钉、木螺钉等产品。

2）标准依据。根据《紧固件公差　螺栓、螺钉和螺母》（GB/T 3103.1—2002）及相应的产品标准检测。

3）测量方法及判定。按相应产品标准的要求，用 0.02 游标卡尺进行测量，如实测结果 $f \leqslant t$，则判定为合格。

（5）十字槽插入深度的检测。

1）产品类型，包括开槽螺钉、十字槽螺钉、自攻螺钉、木螺钉。

2）标准依据。《螺钉用十字槽》（GB/T 944.1—1985）及相应的产品标准。

3）测量方法及判定。按相应产品标准的要求，插入深度自基准面起测量。用 0.02 游标卡尺或量规进行测量，如实测结果 $f \leqslant t$，则判定为合格。

（6）头下圆角半径的检测。

1）产品类型，包括螺栓的 A 和 B 级，螺钉。

2）标准依据。按相应的产品标准和《螺栓和螺钉的头下圆角半径》（GB 3105—82）控制 r_{min} 值为依据检测。

3）测量方法及判定。按相应产品标准的要求，用 R 样板规进行测量，实际测量值应大于或等于 R 样板规的要求才为合格。

（7）螺纹通规检查。

1）产品类型，包括螺栓、螺柱、螺钉、螺母、机械螺钉和紧定螺钉等。

2）标准依据：

① 螺纹公差按相应的产品标准和《普通螺纹基本尺寸》（GB 196—81）和《普通螺纹公差与配合》（GB/T 197—1981）标准检测。

② 产品等级按《紧固件公差 螺栓、螺钉和螺母》的标准检测。

3）螺纹规的功能与特征见表8-5。

表 8-5　螺纹规的功能与特征

螺纹量规名称	代 号	功 能	特 征
通端螺纹塞规	T	检查工件内螺纹的作用中径和大径，控制最大实体牙型	完整的外螺纹牙型
通端螺纹环规		检查工件外螺纹的作用中径和大径，控制最大实体牙型	完整的内螺纹牙型

4）测量方法及判定：

① 根据相应的螺纹规格及公差等级，选取相应的螺纹通规。

② 按《普通螺纹量规》（GB 3934—1983）的要求，对产品进行正确的检验。

③ 螺纹量规使用规则见表8-6。

表 8-6　螺纹量规使用规则

螺纹量规名称	使 用 规 则	螺纹量规名称	使 用 规 则
通端螺纹塞规	应与工件内螺纹旋合通过	通端螺纹环规	应与工件外螺纹旋合通过

④ 制定。螺纹通规应能顺利通过则判为合格，否则即为不合格。

5）检测实例：某标准件厂向大修厂供应一批 M12 的螺母，问如何正确选用通端螺纹塞规？

M12 螺母选用通端螺纹塞规程序应按相应的产品标准《普通螺纹　基本尺寸》（GB 196—81）和《普通螺纹公差与配合》（GB/T 197—1981）查出螺纹公差值。

① 按产品标准知 M12 螺母是 1 型六角螺母-C 级，又从《紧固件公差　螺栓、螺钉和螺母》（GB/T 3103.1—2002）标准中得知螺纹公差为 7H。

② 从《普通螺纹　基本尺寸》（GB 196—81）查出，M12 的螺距 $P = 1.75$，中径 D_2 为 10.863，小径为 10.106。

③ 从《普通螺纹　公差与配合》（GB/T 197—1981）查出，M12 的螺距 $P = 1.75$，内螺纹中径公差 7 级为 0.25；而螺纹公差为 7H。所以，中径下偏差为零，$D_2 = 10.863^{+0.25}$。

④ 采用 7H 的螺纹工作塞规，按《普通螺纹量规》（GB 3934—1983）标准的要求检查内螺纹，能顺利通过。

⑤ 判定该批 M12 螺母符合通端螺纹塞规的要求。

（8）螺纹止规检查。

1）产品类型，包括螺栓、螺柱、螺钉、螺母、机械螺钉、紧固螺钉等。

2）标准依据：

① 螺纹公差按相应的《普通螺纹　基本尺寸》（GB 196—81）和《普通螺纹公差与配合》（GB/T 197—1981）产品标准检测。

② 产品等级按《紧固件公差　螺栓、螺钉和螺母》（GB/T 3103.1—2002）的标准判定。

3）螺纹止规的功能与特征见表 8-7。

表 8-7　螺纹止规的功能与特征

螺纹量规名称	代号	功　能	特　征
止端螺纹塞规	Z	检查工件内螺纹的单一中径	截面的外螺纹牙型
止端螺纹环规		检查工件外螺纹的单一中径	截面的内螺纹牙型

4）测量方法及判定：

① 根据相应的螺纹规格及公差等级，选取相应的螺纹止规。

② 按《普通螺纹量规》（GB 3934—1983）标准的要求，对产品进行正确的检验。

③ 螺纹量规的使用规则见表 8-8。

表 8-8　螺纹量规的使用规则

螺纹量规名称	使　用　规　则
止端螺纹塞规	允许与工件内螺纹两端的螺纹部分旋合，旋合量应不超过两个螺距；对于 3 个或少于 3 个螺距的工件内螺纹，不应完全旋合通过
止端螺纹环规	允许与工件内螺纹两端的螺纹部分旋合，旋合量应不超过两个螺距；对于 3 个或少于 3 个螺距的工件外螺纹，不应完全旋合通过

④ 判定。螺纹止规能符合上述的使用规则要求，即判为合格；否则，即为不合格。

5）检测实例：某标准件厂向大修厂供应一批 M12 的螺母，问如何正确使用止端螺纹塞规？

M12 螺母选用通端螺纹塞规程序应按相应的产品标准和《普通螺纹基本尺寸》（GB 196—81）及《普通螺纹公差与配合》（GB/T 197—1981）查出螺纹公差值。

① 按产品标准《1 型六角开槽螺母　C 级》（GB 41—2000—M12）和《紧固件公差　螺栓、螺钉和螺母》（GB/T 3103.1—2002）标准中得知螺纹公差为 7H。

② 从《普通螺纹　基本尺寸》（GB 196—81）查出 M12 的螺距 $P = 1.55$，中径 $D_2 = 10.863$。

③ 从《普通螺纹　公差与配合》（GB/T 197—1981），查出 M12 内螺纹中径公差 $P = 1.75$，7 级为 0.25。而螺纹公差为 7H，所以螺纹中径上偏差为 +0.25，$D_2 = 10.8634^{+0.25}$。

④ 采用 7H 的螺纹工作止规，按《普通螺纹量规》（GB 3934—1983）标准使用规则的要求检查内螺纹。止端螺纹塞规与工件内螺纹两端的螺纹部分旋合，旋合量应未超过两个螺距（因为 M12 为螺母厚度尺寸已超过 3 个螺距，则不能按使用规则中另一要求；对于 3 个或少于 3 个螺距的工件内螺纹，符合不应完全旋合通过的要求）。

⑤ 判定。该批 M12 螺母符合止端螺纹塞规的要求。

（9）螺纹大径的检测。

1）产品类型。自攻螺钉和木螺钉。

2）标准依据。自攻螺钉根据《紧固件公差　螺栓、螺钉和螺母》（GB/T 3103.1—2002）标准。木螺钉根据《木螺钉　技术条件》（GB/T 922—1986）标准。

3）测量方法及判定。按相应产品标准的公差等级要求用 0.02 游标卡尺进行测量，如实测结果 $f_{max} \leqslant t$，则判定为合格。

（10）销、铆钉的直径检测。

1）产品类型：销、铆钉。

2）标准依据：

① 根据相应的产品标准；

②《销　技术条件》（GB/T 121—1986）；

③《铆钉　技术条件》（GB/T 116—1986）。

3）测定方法及判定：按相应产品标准的公差大小，用 0.02 游标卡尺进行测量，实测结果 $f_{max} \leqslant t$，则判定为合格。

（11）垫圈、挡圈的外径检测。

1）产品类型：垫圈、挡圈。

2）标准依据：

① 根据《紧固件公差　平垫圈》（GB/T 3103.3—2020）和相应的产品标准；

②《弹性垫圈　技术条件》（GB 94—87）；

③《挡圈　技术条件》（GB 959—1986）。

3）测量方法及判定：按相应产品标准的公差等级要求，用 0.02 游标卡尺进行测量：实测结果 $f_{max} \leqslant t$，则判定合格。

（12）垫圈、挡圈的内径检测。

1）产品类型：垫圈、挡圈。

2）标准依据：

① 根据《紧固件公差　平垫圈》（GB/T 3103.3—2020）和相应的产品标准；

②《弹性垫圈　技术条件》（GB 94—87）；

③《挡圈　技术条件》（GB 959—1986）。

3）测量方法及判定：按相应产品标准的公差等级要求，用 0.02 游标卡尺进行测量：实测结果 $f_{max} \leqslant t$，则判定为合格。

（13）销的锥度检测。

1）产品类型：各种锥销。

2）标准依据：

① 根据相应的产品标准；

②《销　技术条件》（GB/T 121—1986）；

③ 锥销的《锥度公差》规定的 6 级制造。

3）测量方法及判定：按相应产品标准的公差等级要求，采用正弦规的测量方法进行测量：如 $f_2 \leqslant t$，则判定为合格。

4）螺栓、螺钉和螺母的形位公差：见《紧固件公差　螺栓、螺钉和螺母》（GB/T 3103.1—2002）标准的检测方法。

8.2.2　机械性能抽查项目的检测

8.2.2.1　机械性能抽查项目

机械性能抽查项目包括以下几种。

（1）抗拉强度。

（2）硬度。

（3）屈服强度。

（4）伸长率。

（5）保证应力。

（6）楔负载强度（头部坚固性）。

（7）脱碳层。

（8）扭矩试验。

（9）弹性。

（10）韧性。

（11）拧入性。

8.2.2.2　机械性能的试验方法

各部件机械性能的试验方法如下。

（1）螺栓、螺钉和螺柱的机械性能试验项目和试验方法：按《紧固件机械性能　螺栓、螺钉和螺柱》（GB 3098.1—2010）标准规定。

（2）螺母的机械性能试验项目和试验方法：按《紧固件机械性能　螺母》（GB/T 3098.2—2015）标准规定。

（3）紧定螺钉的机械性能试验项目和试验方法：按《紧固件机械性能　紧定螺钉》（GB/T 3098.3—2000）规定。

（4）细牙螺母的机械性能试验项目和试验方法：按《紧固件机械性能　螺母　细牙螺母》（GB/T 3098.4—2000）规定。

（5）自攻螺钉的机械性能试验项目和试验方法：按《紧固件机械性能　自攻螺钉》（GB/T 3098.5—2000）规定。

（6）不锈钢螺栓、螺钉和螺柱的机械性能试验项目和试验方法：按《紧固件机械性能　不锈钢螺栓、螺钉和螺柱》（GB 3098.6—2000）规定。

（7）自攻销紧螺钉、粗牙普通螺纹系列的机械性能试验项目和试验方法：按《紧固件　自攻销紧螺钉、粗牙普通螺纹系列》（GB 3098.7—1986）规定。

（8）垫圈的机械性能试验项目和试验方法：按《弹性垫圈技术条件　弹簧垫圈》（GB/T 94.1—2008）规定。

（9）挡圈的机械性能试验项目和试验方法：按《挡圈技术条件　弹性挡圈》（GB/T 959.1—2017）规定。

（10）销子的机械性能试验项目和试验方法：按《销技术条件》（GB/T 121—1986）规定。

（11）开口销的弯曲试验方法：按《开口销》（GB/T 91—2000）规定。

8.2.2.3　表面缺陷抽查项目的检测

A　表面缺陷抽查项目

a　螺栓、螺钉和螺柱的表面缺陷抽查项目

螺栓、螺钉和螺柱的表面缺陷抽查项目如下。

（1）裂纹：淬火裂纹、锻造裂纹、锻造炸裂、剪切炸裂；

（2）原材料的裂纹或条痕；

（3）凹痕；

（4）皱纹；

（5）切痕；

（6）损伤。

b　特殊要求的螺栓、螺钉和螺柱的表面缺陷抽查项目

特殊要求的螺栓、螺钉和螺柱的表面缺陷抽查项目如下。

（1）裂纹：淬火裂纹、锻造裂纹、锻压炸裂、剪切炸裂、凹槽头螺钉的锻压裂纹；

（2）原材料的裂纹或条痕；

（3）凹痕；

（4）皱纹；

（5）切痕；

（6）螺纹上的皱纹；

（7）损伤。

B　表面缺陷的种类、名称、原因、外观特征和极限

（1）螺栓、螺钉和螺柱的表面缺陷种类、名称、原因、外观特征和极限，按《紧固件表面缺陷　螺栓、螺钉和螺柱　一般要求》（GB/T 5779.1—2000）。

（2）螺母的表面缺陷种类、名称、原因、外观特征和极限，按《紧固件表面缺陷　螺母　一般要求》（GB 5779.2—2000）。

（3）特殊的螺栓、螺钉和螺柱的表面缺陷种类、名称、原因、外观特征和极限，按《紧固件表面缺陷　螺栓螺钉和螺柱　特殊要求》（GB/T 5779.3—2000）。

C　表面缺陷的检查方法

（1）螺栓、螺钉和螺柱表面缺陷的非破坏性检查和破坏性检查，按《紧固件表面缺陷　螺栓、螺钉和螺柱　一般要求》（GB/T 5779.1—2000）规定。

（2）螺母表面缺陷的非破坏性检查和破坏性检查，按《紧固件表面缺陷　螺母　一般要求》（GB 5779.2—2000）规定。

（3）特殊的螺栓、螺钉和螺柱表面缺陷的非破坏性检查和破坏性检查，按《紧固件表面缺陷　螺栓、螺钉和螺柱　特殊要求》（GB/T 5779.3—2000）规定。

D 机械性能和表面缺陷抽查项目的检测实例

某标准件厂向大修厂提供一批 M12×80 的六角头螺柱，问其机械性能和表面缺陷抽查项目应如何进行检测？

a 机械性能抽查项目的检测

（1）根据相应的产品标准《六角头螺栓》（GB/T 5782—2000）的技术条件查出产品等级为 A 级，机械性能等级为 8.8 级，试验项目和试验方法按《紧固件机械性能 螺柱、螺钉和螺柱》（GB 3098.1—2010）进行。

（2）根据《紧固件机械性能 螺栓、螺钉和螺柱》（GB 3098.1—2010）规定，采取机械性能的指标值见表 8-9。

表 8-9 机械性能的指标值

试 验 项 目		性 能 等 级
		8.8 M16
抗拉强度/N·mm^{-2}	公称	800
	min	800
维氏硬度 HV30	min	234
	max	304
布氏硬度 $P=30D^2$	min	232
	max	298
洛氏硬度 HRC	min	22
	max	32
表面硬度 HV 0.3	max	324
屈服强度 $\sigma_{0.2}$/N·mm^{-2}	公称	640
	min	640
保证应力	$S_p/\sigma_{0.2min}$	0.91
	S_p	580
伸长率 σ_s/%		12
楔负载强度/N·mm^{-2}		800
冲击吸收功 AL < J/min		30
头部坚硬性要求		头部及钉杆与头部交接处不允许有裂纹
螺纹未脱碳层的最小高度 E/m		0.5×H_1
全脱碳层的最大深度/m		0.15

（3）机械性能的试验项目：根据《紧固件机械性能 螺栓、螺钉和螺柱》（GB 3098.1—2010）标准的 A 级规定，选取机械性能的试验项目和试验方法。

1）最小抗拉强度 σ_{bmin}，其试验方法为拉力试验。

2）最低硬度（布氏 $HBP = 30D^2$，洛氏 HRC），其试验方法为硬度试验。

3）最高硬度（布氏 $HBP = 30D^2$，洛氏 HRC），其试验方法为硬度试验。

4）最高表面硬度、HV 0.32，其试验方法为硬度试验。

5）最小屈服点 σ_{smin}，其试验方法为拉力试验。

6）最小屈服强度 $\sigma_{0.2min}$，其试验方法为拉力试验。

7）保证应力 S_p，其试验方法为保证载荷试验。

8）最小伸长率 σ_{smin}，其试验方法为拉力试验。

9）楔负载强度。

10）最小冲击吸收力 AK_{min}，其试验方法为冲击试验。

11）头部坚固性。

12）最大脱碳层 E_{min}，G_{max}，其试验方法为脱碳试验。

13）再回火试验。

（4）机械性能的试验方法。

1）机加工试件的拉力试验。

① 拉力试验的试件如图 8-1 所示。

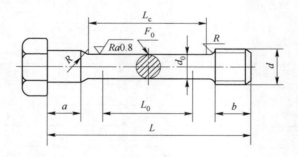

图 8-1　拉力试验

图 8-1 中，d 为外螺纹大径，M12；d_0 为试件直径（$d_0 <$ 外螺纹小径）；b 为螺纹长度（$b \geqslant d$，$b = 15$）；L_0 为 $5d_0$，或 $5.65 \sqrt{F_0} = 50$；L_c 为直线部分的长度 $= L_0 + d_0 = 60$；L 为试件的总长度 $= L_c + 2R + a + b = 90$；F_0 为横截面积（πR^2）；R 为圆角半径（$R > 4mm$）取 5。

② 按规定对机加工试件进行拉力试验，检验以下性能：

抗拉强度 σ_b，屈服强度 $\sigma_{0.2}$，伸长率 σ_s，即

$$\sigma_s = \frac{L_1 - L_0}{L_0} \times 100\% \tag{8-2}$$

式中，L_1 为断裂后的长度。

2）硬度试验。

3）保证载荷试验。

4）楔负载试验。

5）机加工试件的冲击试验。

6）头部坚固性试验。

7）脱碳试验。

8）再回火试验。

b　表面缺陷抽查项目的检测

（1）根据相应的产品标准《六角头螺栓》（GB/T 5782—2000）和《紧固件表面缺陷　螺栓、螺钉和螺柱　一般要求》（GB 5779.2—2000）的技术条件查出表面缺陷的标准编号。

（2）根据《紧固件表面缺陷　螺栓、螺钉和螺柱　一般要求》（GB 5779.2—2000）表面缺陷的种类、名称、原因、外观特征和极限的具体要求进行表面质量的检验。

（3）表面缺陷的检验方法

1）非破坏性检验。

由目测或其他非破坏性的方法检查，如用磁力探伤等。

2）破坏性检验

从经过非破坏性检验并判定为不合格的样品中选取有最严重缺陷的产品，在通过缺陷的最大深度处取一个90°的截面进行检查。

c　产品的整个验收抽样方案

该产品的整个验收抽样方案按《紧固件验收检查　标志与包装》（GB 90—1985）规定。

8.3　钢丝绳检验

8.3.1　悬挂前新绳的外观检测

对于新绳的外观检测，在此仅介绍外观结构、特性尺寸及外观缺陷等方面的内容。

钢丝绳的外观结构及特性尺寸检查包括的主要内容有：股丝数、钢丝绳直径、捻距、不松散度、表面状况、捻向及捻制质量等。

8.3.1.1　钢丝绳直径的测量

钢丝绳直径应用带有宽钳口的游标卡尺测量。其钳口的宽度要足以跨越两个相邻的股，如图8-2所示。

测量应在钢丝绳无张力的情况下于钢丝绳端头15m外的直线部位上进行，在

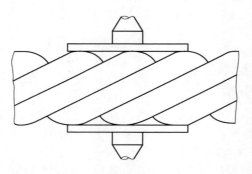

图 8-2　钢丝绳直径测量方法

相距至少 1m 的两处选取 2 个截面，并在同一截面上互相垂直地测取两个数值。

　　4 个测量结果的平均值作为钢丝绳的实测直径，该值应符合表 8-10 有关规定。

表 8-10　实测直径允许偏差与不圆度

钢丝绳类型	允许偏差/%		不圆度/%	
	股全部为钢丝	带纤维股芯	股全部为钢丝	带纤维股芯
圆股钢丝绳	+6 0	+7 0	≤4	≤6
异形股钢丝绳	+7 0		≤6	

　　不圆度的测量方法同上。在 4 次测量中任选 2 个测定值之间的最大差值作为不圆度的最大值，但最大差值不得超过钢丝绳公称直径的 4%，否则，钢丝绳悬挂后会引起咬绳、绳挤压现象。

　　在有争议的情况下，直径的测量可在给其最小破断拉力 5% 的张力情况下进行。

　　椭圆度的测定方法也与测量绳径的方法相同，其椭圆度 4 个测量结果的任意两值之差都不得超过规定的数值。异形股钢丝绳的椭圆度、带纤维股芯的圆股钢丝绳椭圆度不得大于 6%。

8.3.1.2　钢丝绳捻制质量

　　钢丝绳的捻制要求均匀、紧密和不松散，在展开无负荷情况下、钢丝绳不得呈波浪形状。绳内钢丝不得有交错、弯折和断丝等主要缺陷，但允许有因变形工卡具压紧造成的钢丝压扁现象存在。

　　在同一条钢丝绳中，同一层股的结构和捻制状况要求相同，不应有明显差别。

在制造钢丝绳时，要求同直径钢丝为同一公称抗拉强度，不同直径的钢丝允许采用相同或相邻公称抗拉强度。这不仅可以保证钢丝绳的最小破断力满足相关规定要求，而且对保证捻制均匀的钢丝绳也是一个有效工艺手段。对松散绳要特别注意强度状况。

对于绳芯，不仅要求其尺寸大小在钢丝绳捻制中能起到足够的支撑作用，且对保证外层抱捻的绳股进行均匀捻制也是重要的工艺手段要求。允许各相邻股间有较均匀的缝隙，但缝隙的大小以肉眼看不见麻芯为宜。对于粗细不均的钢丝绳，要特别注意麻芯状况。

在捻制钢丝绳时，要求尽量减少接头钢丝，实际上准许采用对焊连接的钢丝。所以在检查捻制质量时要注意检查连接点的大小口及对其他钢丝的影响情况、绳股中钢丝间的缝隙等。对于股中钢丝局部间隙过大的问题，要特别注意焊接点的检查。两对焊连接点在绳股的同一捻制层间的距离要求大于 10m。

在检查捻制质量的同时，还要注意检查绳的锈蚀情况。为防止锈蚀，在制造钢丝绳时，要求钢丝绳均匀地涂敷防锈油或润滑油脂；对于纤维芯钢丝绳，要求绳芯浸透；但摩擦轮提升除外，只要求涂增磨脂。钢丝绳用油要求符合《钢丝绳表面脂》(SH/T 0387—1992) 或其他有关规定要求，要求麻芯脂符合《钢丝绳麻芯脂》(SH/T 0388—1992) 或其他有关规定。

检查捻制质量时还要注意钢丝绳质量的测定。可采用截取一定长钢丝绳（一般为 1m），采用实际称重的方法计算确定钢丝绳的总质量；也可以采用总质量除以钢丝绳实测长度的方法，来确定钢丝绳每百米质量。每百米质量大小可间接反映出钢丝绳的捻制质量。

8.3.1.3 钢丝绳捻距测量与判定

捻距测定，要求所使用的量尺精度为 0.05mm。

钢丝绳的捻距在绳的全长方向要求均匀一致。捻距长度测定，要求在绳头 3m 内最少测量 5 个点才符合规定要求，偏差值不大于捻距规定长度的 ±3%。

8.3.1.4 钢丝绳不松散度检查

（1）用砂轮锯在钢丝绳的任何一端截取一段约 2 个捻距长的绳样，分 4 个点测量其直径，求出其算术平均值：

$$d = \frac{d_1 + d_2 + d_3 + d_4}{4} \tag{8-3}$$

（2）拆除相对两股，然后将其复原，仍按 4 个点再测量其直径，求出其复原后的算术平均值，即

$$d' = \frac{d'_1 + d'_2 + d'_3 + d'_4}{4} \tag{8-4}$$

（3）求出直径增大率 $\Delta\phi$：

$$\Delta\phi = \frac{d' - d}{d} \times 100\% \tag{8-5}$$

式中，d 为钢丝绳公称直径。

依据 $\Delta\phi$ 的值可以确定钢丝绳松散性等级：

（1）$\Delta\phi$ 小于 6% 的钢丝绳为特级不松散绳；

（2）$\Delta\phi$ 在 6%～10% 的钢丝绳为一级不松散绳；

（3）$\Delta\phi$ 大于 10% 的钢丝绳且拆除两股后又不能复位的钢丝绳为松散绳。

钢处绳的松散程度，决定钢丝绳的品质高低、优劣。钢丝绳松散，说明生产厂家未把好合绳关，而使钢丝绳出现股松问题，这会造成钢丝绳在提升过程中各股受力不均，还会造成钢丝绳伸长量过大，轻者将增加钢丝绳使用中不断地、经常性地停车调整绳长度的劳动量，重者将会造成一定的提升隐患，直至发生提升事故。

8.3.1.5　钢丝绳外观主要缺陷的检测

钢丝绳的外观主要缺陷包括：断丝、跳丝、缺丝、钢丝交错、股或丝松紧不均、捻制不良、绳股打结、错接、麻芯外露、锈蚀、涂油不良、表面损伤等。对于镀层钢丝绳，在外观主要缺陷检查时应注意是否存在钢丝镀层脱落、镀疤等。矿用钢丝绳大部分为镀锌钢丝绳，还应注意镀锌层的均匀性、镀锌层附着钢丝的紧密程度，是否存在结疤、锌层堆积、未镀上锌等常见问题。

8.3.2　在用钢丝绳的外观检测

在用钢丝绳的外观检测，主要应注意磨损程度、断丝创伤、涂油维护等情况。

（1）绳径变细量（磨损程度）的检测。根据起重、牵引安全要求，以钢丝绳标称直径为准计算的直径减小量达到下列数值时，必须更换：

1）提升钢丝绳为 10%；

2）钢丝绳外层钢丝厚度磨损量达到 50%。

（2）钢丝绳断丝情况的检测。根据起重、牵引安全要求，各种股捻钢丝绳在 1 个捻距内断丝断面积与钢丝总断面积之比，达到 10% 时，必须更换。检验检测机构接收在用绳样品时，若发现外层股有断丝情况，一定要先截取一个捻距长进行百分之百拆股检查，按不同丝径分类放置并清点断丝数，按不同丝径进行面积折算。各种直径钢丝绳的断丝面积之和与钢丝绳总截面积的百分比达到上述数值规定时，不必再进行力学试验。

（3）锈蚀状况的外观检查。钢丝绳的钢丝有变黑、锈皮、点蚀麻坑等损伤时，不得用作升降人员；钢丝绳锈蚀严重或点蚀麻坑形成沟纹或外层钢丝松动时，不论断丝数多少或绳径是否变化，必须立即更换。

9 电气绝缘材料检验

9.1 电气绝缘材料概述

9.1.1 电气绝缘材料的主要用途

电气绝缘材料是不导电的物质或能够阻止电流通过的物质（电介质），是以绝缘为目的所使用的电阻系数在 $10^7\Omega \cdot cm$ 以上的电介质。

电气绝缘材料是机械和电气产品的一项重要材料，其用途是将带电部分与不带电部分或带不同电位部分相互隔离开，使电流能够按照人们给定的路线流动。

9.1.2 电气绝缘材料分类

电气绝缘材料种类很多，分类方法也有数种。从材料形态上分，有气体绝缘材料、液体绝缘材料、半固体绝缘材料和固体绝缘材料。从材料组织上分，有天然材料和化学合成材料两大类。天然材料有矿物系之无机类和动植物系之有机类两种。天然材料大都须经选择、精制或加工处理后始能使用。随着化学工业的发展，化学合成绝缘材料已在工业上占据相当重要的地位。我国为统一化学合成绝缘材料的产品型号，将化学合成电气绝缘材料制品分为绝缘漆、树脂和胶；浸渍纤维制品、电气绝缘层压制品、电气绝缘压塑料、电气绝缘云母制品；电气绝缘用薄膜和电气绝缘柔软复合材料等六类，并规定了型号代号。

根据绝缘材料耐热性分类，电机之输出受该电机最高容许温度所限制，而电机的容许运转温度，则由绝缘材料的耐热程度而决定，故电机使用的绝缘材料是依其耐热程度分类（级）。根据国际电工委员会按电气设备正常运行所允许的最高工作温度，电气绝缘材料分为如下七类（七个绝缘耐热等级），见表 9-1。

表 9-1 电气绝缘材料耐热等级

类（耐热等级）	Y	A	E	B	F	H	C
允许工作温度/℃	90	105	120	130	155	180	180 以上

9.2　电气绝缘材料检验

9.2.1　试验标准

电气绝缘材料试验标准见表9-2。

表 9-2　电气绝缘材料试验标准

产品种类	检 验 规 则	试 验 方 法
有溶剂绝缘漆	《有溶剂绝缘漆检验、标志、包装、运输和贮存通用规则》（GB 10579—1989）	《有溶剂绝缘漆试验方法》（GB/T 1981—1989）
无溶剂绝缘漆	《电工绝缘漆、树脂和胶检验、标志、运输和贮存通用规则》（JB 907—1980）	《无溶剂绝缘漆试验方法》（GB 2643—1981）
电气绝缘漆布	《电气绝缘漆布检验、标志、包装、运输和贮存通用规则》（GB/T 1310—1987）	《电气绝缘漆布试验方法》（GB 1309—1987）
电气绝缘漆管	《电气绝缘漆管一般要求》（GB 7113—1986）	《电气绝缘漆管试验方法》（GB/T 7114—1986）
电气绝缘层压板	《电气绝缘热固性层压材料检验、标志、包装、贮存和运输通用规则》（GB/T 1305—1985）	《电气绝缘层压板试验方法》（GB 5130—1985）
电气绝缘层压管		《电气绝缘层压管试验方法》（GB 5132—1985）
电气绝缘层压棒		《电气绝缘层压棒试验方法》（GB 5134—1985）
覆铜箔层压板	《印制电路用覆铜箔层压板通用规则》（GB/T 4721—1992）	《印制电路用刚性覆铜箔层压板试验方法》（GB/T 4722—2017）
电气绝缘压塑料	《电气绝缘用热固性模塑料一般要求》（JB/T 3958.1—1999）	《电气绝缘用热固性模塑料试验方法》（JB/T 3958.2—1999）
电气绝缘云母制品	《电气绝缘云母制品　定义和一般要求》（GB/T 5020—1985）	《电气绝缘云母制品试验方法》（GB/T 5019—1985）
电气绝缘用薄膜	《电气绝缘用薄膜　第1部分：定义和一般要求》（GB/T 13542.1—2009）	《电气绝缘用薄膜试验方法》（GB/T 13542—2021）
电气绝缘柔软复合材料	《电气绝缘用柔软复合材料　第1部分：定义和一般要求》（GB/T 5591.1—2002）	《电气绝缘用柔软复合材料试验方法》（GB/T 5591—2017）

9.2.2　试验方法

电气绝缘材料质量特性试验方法有电气特性试验、物理试验法和化学试验法三类。

9.2.2.1 电气特性试验

A 绝缘电阻试验

绝缘电阻试验目的是测定绝缘物体积电阻系数、表面电阻系数、层压制品的常态和浸水，平行空间绝缘电阻。试验电源采用直流电源，试验电压和试验用电极及接线方法要符合产品试验方法标准规定。测定方法有高阻计法、检流计法等。电阻系数可由测定的电阻值按试验方法标准规定的公式计算得出。

B 介电强度试验

介电强度试验是绝缘物所能耐受电压的试验方法，有绝缘物耐电压和击穿电压试验两种。前者系加以规定的电压值，检查试样能否耐受而保持良好状态，后者系将试样以电极挟住，加以测定绝缘破坏的最低电压。

试验电源使用波峰值为 1.34~1.48 的 50Hz 或 60Hz 正弦波电压（试验容电器纸时用直流电压）。电极和试验电压及升压速度等均应符合产品试验方法标准规定。

C 损耗因素及相对介电系数试验

试验电源和介电强度试验相同，电极、试棒及试验电压应符合有关标准规定。一般实用的测定方法有西林电桥法、高频率电桥法。具体绝缘物的测定方法按有关标准执行，并按给定公式计算介质损失角正切 $\tan\delta$ 和相对解电系数 ε。

9.2.2.2 物理试验法

物理试验法主要包含以下几方面。

（1）厚度：利用千分尺（微分计）测定。

（2）密度：固体材料用重量法测定，液体材料用比重瓶法测定。

（3）吸水量：干燥试样和试样浸水后称重测量。

（4）吸水度：以渗透高度表示。

（5）水分：试样称重和烘干后称量测定。

（6）硬度：用 Shore 硬度表测定。

（7）黏度：用黏度计测量。

（8）拉伸（抗张）强度与伸长率：按制品标准取样、制样，在经标定的材料试验机上进行拉伸试验测定试样断裂时的拉力值，以试样原截面积除之，即得拉伸（抗张）强度。其伸长率由标点距离百分率表示。

（9）压缩强度：试样在材料试验机上进行压缩试验至破坏时的作用力，除以被加压面积。

（10）抗弯强度：试样由二支点固定，中央加载荷至断裂，测定载荷力，求出抗弯强度。

（11）冲击值：用简支梁法测定。

（12）弹性压缩：常态将试样夹住加压，测量施加压力前后平均厚度差，求出弹性压缩。

（13）塑性压缩：热态将试棒夹住加压，测量施加压力前后平均厚度差，求出塑性压缩。

（14）云母含量：定量试样加热灼烧，测量残渣质量求出云母含量。

（15）固体量；定量试样于烘箱中烘干称重测定。

（16）耐热性：一般固体试样以加热至规定温度保温规定时间后检视试样裂纹以测定耐热性。

（17）耐燃性：将试样钻孔孔内以水平方向置电热线，通电加热，测定通电着火时间及停电后火焰蔓延时间，并检视外观变化程度，以确定耐燃性。

（18）剥离强度试验：试样以拉力试验法测定剥离强度。

9.2.2.3　化学试验法

化学试验法主要是以化学试剂来测定绝缘物的酸值、有机酸含量或酸碱性，以绝缘物对精磨铜板的反应测定其腐蚀性，将绝缘物浸于一定浓度的酸液内测定其耐酸（耐腐蚀）性等。

9.2.3　主要测试项目的试验方法要点

9.2.3.1　黏度（胶、漆）

本方法也适用于绝缘材料产品半成品黏度检测。

（1）试验条件：温度符合标准规定，波动范围 ±1℃。

（2）试验方法要点：测量定量试样在一定温度（标准规定）下从规定黏度计漏嘴孔中流出的时间，以秒表示。

（3）实验仪器与设备：黏度值在 10～110s 范围内用 4 号杯黏度计。

（4）试验注意事项：

1）测试前应将黏度计杯内及漏嘴孔用规定溶剂擦拭干净，并干燥；

2）试样应搅拌均匀，并静止至无气泡；

3）必须保持黏度计杯上缘平面处于水平位置；

4）黏度计至少每月标定一次。

9.2.3.2　固体量（胶、漆类）

本方法也适用于绝缘材料产品半成品固体量测试。

（1）试验条件：

1）加热稳定，时间符合标准规定；

2）试样质量和盛器容积必须符合标准规定。

（2）试验方法要点：

1）取样并严格控制试样质量；

2）严格控制加热温度、加热时间；

3）加热后试样精确称重；

4）试验数据按标准规定的计算公式计算。

（3）实验仪器与设备：

1）自动控温烘箱；

2）精确度为 0.1mg；

3）标准规定的盛器。

（4）试验注意事项：

1）试样偏重，盛器容积偏小，加热温度偏低加热时间偏短，将使测试结果发生偏正误差；

2）反之，测试结果发生偏负误差。

9.2.3.3 酸值（胶、漆类）

（1）试验条件。滴定条件需满足：

1）酸值 1～10mg/g；

2）试样平均质量 2～3g；

3）滴定用碱液浓度 0.05N。

（2）试验方法要点：

1）按标准规定采样并精确称重；

2）制备试样溶剂和试验溶液；

3）制备滴定用标准溶液和选择指示剂；

4）按标准规定步骤用制备好的标准溶液；

5）滴定试验溶液至最终应呈现的颜色；

6）记录试验数据并按规定公式计算。

（3）实验仪器与设备：

1）天平；

2）符合标准规定之精度量杯。

（4）试验注意事项：

1）标准溶液放置时间不宜过长，超过标准规定的放置时间应重新标定；

2）滴定终点呈现颜色必须保持标准规定时间内不变。

9.2.3.4 弯曲强度

（1）试验条件：

1）试样应在温度为（23±2）℃、湿度为（50±5）%下处理不少于 24h，并于上述条件下取出后 5min 内开始试验；

2）试样数量规格符合标准规定；

3）高温弯曲强度试验温度按产品标准规定。

（2）试验方法要点：

1）$L=16h$（L 为支点距，h 为试件厚度）；

2）试验速度一般为 10mm/min，有争议时为 0.5mm/min；

3）记录破坏负荷，按标准规定的公式计算弯曲强度；

4）报告最大值、最小值及平均值，准确至三位有效数，纵横向弯曲强度平均值较小的一个作为试验结果。

（3）实验仪器与设备：

1）示值误差不大于 1% 的通用材料试验机（高温用附有加热炉的材料试验机或高低温试验机）；

2）试验夹具，压头尺寸为 R5；

3）老化试验加热烘箱；

4）试样转移装置；

5）热电偶——测试样温度。

（4）试验注意事项：

1）试样宽度、厚度测量精确至 0.02mm；

2）单面加工的试样应将加工面朝向压头；

3）试样破坏负荷应在试验机刻度范围的 15%～85%；

4）避免试样处理时造成试样损伤。

9.2.3.5　拉伸强度、断裂伸长率和张力强度

（1）试验条件：试验的标准环境条件为温度（23±2）℃，湿度（50±5）%。试验前试样按下列两种条件之一进行预处理：

1）厚 7mm 以下者于（23±2）℃，湿度（50±5）% 条件下处理 40h；厚 7mm 以上者在上述条件下处理 88h；

2）厚 7mm 以下者于（50±3）℃，烘 48h 后在干燥器中冷却 5h；厚 7mm 以上者冷却 15h。

（2）试验方法要点：

1）试验速度：一般为 5mm/min，有争议时为 1.3mm/min；

2）试样肩部露出尺寸为 6.4mm，夹具间距为（114±3）mm；

3）测量平直部分宽和厚精确至 0.02mm；

4）开动试验机记录断裂负荷，若断裂不在工作部分，试验结果无效，应重新取样补试；

5）报告最大值、最小值及平均值，按标准规定公式计算强度（伸长率）；

6）试样是沿母体纵向、横向各取 5 个试样，取 3 位有效数字，以纵横平均值中最低的值作为测试结果。

（3）实验仪器与设备：

1）示值误差不大于 1% 的通用材料试验机或电子式试验机；

2）夹具（按标准规定）；

3）千分尺。

（4）试验注意事项：

1）准确测量试样厚和宽；

2）试样加工时避免机械损伤；

3）试样加工应平直，避免工作部位出现大小头；

4）破坏负荷应在试验刻度范围的 15%～85%；

5）严格试验前试样处理，避免影响测试结果的正确性；

6）试验速度严格按规定进行。

9.2.3.6 压缩强度

（1）试验条件：试样为（10±0.2）mm 的正方体，每组 5 个试样材料厚度低于 10mm 不予试验。

（2）试验方法要点：

1）测量试样尺寸（每组 5 个试样）；

2）将试样置于试验机下夹具平台中心处；

3）以（10±2）mm/min 的试验速度开始试验，至试样破坏止，记录破坏负荷（有争议时试验速度为 1.3mm/min）；

4）按标准规定公式计算压缩强度，准确至 3 位有效数，以平均值为测试结果。

（3）实验仪器与设备：

1）示值误差不大于 1% 的通用材料试验机或电子式试验机；

2）夹具（按标准规定）；

3）千分尺。

（4）试验注意事项：

1）准确测量试样厚和宽；

2）试样加工时避免机械损伤；

3）试样加工应平直，避免工作部位出现大小头；

4）破坏负荷应在试验刻度范围的 15%～85%；

5）严格试验前试样处理，避免影响测试结果的正确性；

6）试验速度严格按规定进行。

9.2.3.7 冲击强度

（1）试验条件：

1）试样在试验前应在（23±2）℃和相对湿度（50±5）% 的条件下处理不少于 24h；

2）试验在同上条件下进行或在每一试样从受控气氛中取出后 3min 内开始

试验。

（2）试验方法要点：

1）沿纵横方向各取 5 个试样；

2）悬臂梁法将试样安装成垂直的悬臂梁，摆锤在缺口同测距缺口和钳口一定距离处冲断试样；

3）简支梁法是将缺口试样水平放在支架上，摆锤在缺口背面冲断试样；

4）纵、横向平均冲击强度中较低的一个为试验结果。

（3）实验仪器与设备：

1）悬臂梁冲击试验机，冲击速度为 3.35m/s；

2）简支梁冲击试验机。

（4）试验注意事项：

1）严格按标准规定尺寸加工试样，并避免损伤；

2）严格控制预处理时间、温度；

3）严格控制冲击速度。

9.2.3.8　吸水性

吸水性以吸水量 mg 表示。

（1）试验条件：

1）每组 3 个试验；

2）试样于（50±2）℃下烘（24±1）h，或（105±2）℃烘 1h 后在干燥器中冷却至室温。

（2）试验方法要点：

1）处理后的试样称重准确至 1mg，放在（23±0.5）℃蒸馏水中（24±1）h 取出擦去表面水分并立即称重准确至 1mg；

2）按标准规定公式计算吸水量（率）；

3）以吸水量（率）的算术平均值作为测试结果。

（3）实验仪器与设备：

1）量程 1mg 的天平；

2）恒温干燥箱；

3）容器。

（4）试验注意事项：处理温度由有关产品标准规定，当材料的吸水性受 105℃的处理温度的影响时，或者为了与其他材料的吸水性进行比较，应在 50℃温度下处理。

9.2.3.9　介电强度

（1）试验内容：

1）垂直层间耐电压；

2）垂直层间击穿电压（固体绝缘材料）；

3）平行层间耐电压；

4）平行层间击穿电压（固体材料）。

（2）试验条件：

1）短时法 5 个试样；

2）试样于（50±3）℃烘箱中处理48h后立即放入干燥器中冷却至室温；

3）90℃变压器油（若要求90℃以上时在硅油中进行）。

（3）试验方法要点：

1）采用短时升压法，即连续均匀升压法进行；

2）试样在（90±2）℃变压器油中保持0.5～1h，立即升到标准规定电压值经受1min，每个试样不被击穿为合格（耐电压合格）；

3）连续均匀升压至击穿时，记录每一试样的击穿电压值，求其平均值为击穿电压（平均电气强度）。

（4）实验仪器与设备：

1）50kV、100kV 试验变压器，附控制装置；

2）千分尺；

3）加热油槽；

4）烘箱；

5）标准电极。

（5）试验注意事项：

1）电极和试样应有良好的接触；

2）升压速度和电极面积按标准规定，否则产生测量误差；

3）厚度测量必须准确，在击穿点周围测3点，求平均厚度；

4）击穿点判断时最好第二次加压法来鉴别，第二次加压低于第一次。

9.2.3.10 平行层间浸水绝缘电阻

（1）试验条件：

1）试样于（50±2）℃加热24h后冷至室温，浸入（23±2）℃蒸馏水中，（24±1）h取出试样擦干水；

2）在相对湿度75%，稳定（25±10）℃环境中2min内测完。

（2）试验方法要点：

1）对试样施加直流电压为500V下用检流计或高阻计进行测量；

2）测量采用锥销电极、直径，锥度电极间距按标准；

3）试验结果以平均值最低值表示。

（3）实验仪器与设备：

1）直流复射式检流计附直流电源稳压装置；

2）高阻计；

3）电板；

4）烘箱；

5）千分尺。

（4）试验注意事项：

1）必须控制试样处理条件；

2）电极和试样接触良好。

9.2.3.11　损耗因素及相对介电系数

（1）试验条件：试样应在（50±2）℃烘箱中加热24h后，冷却至室温再进行试验。

1）浸水后1MHz，tanδ和ε试验，试样应于（23±2）℃蒸馏水中处理24h后试验，应在20min内完成；

2）加热后50Hz，tanδ和ε试验，试样应在（105±5）℃，96h后冷至室温。

（2）试验方法要点：

1）浸水后1MHz，tanδ和ε试验，试样处理后于（23±2）℃蒸馏水中24h取出，擦去表面水立即试验，在20min内完成。

2）加热后50Hz，tanδ和ε试验，试样于（105±5）℃，96h后试验，施加电压1kV/mm，在10min内完成；

3）以两个试样的平均值为结果。

（3）实验仪器与设备：

1）QS型电容电桥；

2）高频Q表或其他高频损耗测试设备；

3）电热烘箱；

4）恒温水浴或浸水用容器。

（4）试验注意事项：

1）温度过高会导致损耗增大；

2）测试电压要保持稳定，电压较高时使周围空气波电离而导致测试不稳定；

3）高频测试一般采用二电极系统，易造成电极系统的杂散电容对测试结果的影响；

4）试样受潮会造成损耗角增大。

9.2.3.12　体积电阻率

（1）试验条件：在标准规定的温度、湿度下进行。

（2）试验方法要点：

1）按标准规定选用电极；

2）试验步骤按《固体绝缘材料体积电阻率和表面电阻率试验方法》（GB/T

1410—2006）的要求进行；

3）测定时间 1min。

（3）实验仪器与设备：符合 GB 1410 要求。

（4）试验注意事项：

1）体积电阻系数随温度、湿度升高而下降；

2）绝缘材料电阻越高越易产生静电影响测量的准确性。测量时试样需放电。

9.2.3.13　可燃性

（1）试验条件：

1）试样一般不处理，在有争议时应在标准实验室条件（23℃/50%）处理 48h；

2）燃烧源采用热容量为 37MJ/m³ 的天然气或液化石油气。

（2）试验方法要点：

1）点燃时间为 20s，记录火燃前缘，从 25mm 标线到 100mm 标线的时间；

2）试验结果按燃烧时间单位（mm/min）确定燃烧等级。

（3）实验仪器与设备：

1）燃烧试验装置；

2）本生灯（灯管长 100mm，内径 9.5mm）；

3）燃烧源。

（4）试验注意事项：

1）判定材料的燃烧程度和火焰蔓延的速度，用火焰水平试验法；

2）判定火焰熄灭后材料的燃烧程度，适用火焰垂直试验法。

10 铸件、锻件及焊接件检验

10.1 铸 件 检 验

铸件质量检验的项目，根据铸件的要求不同，有的要进行全项目的检验，有时只进行部分项目的检验，这要根据具体情况来确定。铸件的检验，一般包括表面、尺寸、质量、内部、机械性能、气密性检验等项目。

10.1.1 表面检验

10.1.1.1 表面缺陷的检验

A 表面缺陷的分类

铸件的表面缺陷，应按具体技术要求分为三类。

（1）按照技术条件允许存在的缺陷。带有这类缺陷的铸件应视为合格。

（2）允许修复的缺陷。包括可以铲除的多肉，可以焊补的疵孔，可以校正的变形和可以浸渗处理的渗漏等。有这类缺陷的铸件，应按要求做好修复工作，然后再次检验。

（3）允许存在但不允许修复的缺陷。有这类缺陷的铸件应予以报废。

B 检验要求

为保证铸件的表面质量，铸件应检验其表面缺陷。检验要求规定如下。

（1）铸件非加工表面上的浇冒口应清理至与铸件表面同样平整，加工面上的浇冒口残留量应符合图纸规定，有色金属铸件一般允许高出铸件表面 2～5mm，黑色金属铸件一般允许高出铸件表面 5～15mm。

（2）在铸件上不允许有裂纹、通孔、穿透性的冷隔和穿透性的缩松、夹渣缺陷。

（3）铸件非加工表面的毛刺、披缝应清理至与铸件面同样平整。

（4）铸件待加工表面，允许有不超过加工余量范围内的任何缺陷存在，但裂纹缺陷应清除。

（5）作为加工基准面和测量基准的铸件表面，必须平整。

（6）变形的铸件允许整形（校正），然后逐个检验是否有裂纹。

（7）在铸件非加工表面和加工后的表面上是否允许有缺陷，在有关标准中有规定。

C 检验方法

铸件表面缺陷的检验一般靠目视观察，包括使用小于十倍的放大镜的方法进行检验。此外，为提高检验的分辨率，还可采用荧光探伤、着色/磁粉探伤、煤油浸润检验等检验方法来发现表面上或靠近表面的缺陷。

a 目视外观检验

通过目测检查铸件表面有无变形、翘曲及错漏；同时用肉眼或放大镜检查暴露在铸件表面的裂纹、缩孔、气孔、渣眼、铁豆、夹砂、冷隔等铸造缺陷。应用粗糙度比较样块，判定铸件表面粗糙度等级是否符合验收质量。对主要铸件还要检查铸造标记、炉号、顺序号等是否正确、齐全、清晰。

b 荧光检验

检查一般肉眼看不见的比较细小的表面缺陷。荧光探伤是一种简单而有效的无损探伤法，突出优点是：它既能检查磁性材料，还能检查非磁性材料和非金属材料的表面缺陷。荧光探伤法可以大大地提高露出铸件表面的细小缺陷的可见性，对于宽度小于 0.01mm，深度在 0.03~0.04mm 的缺陷利用此法均可检查出来。对有色金属铸件，它可以发现铸件表面裂纹、冷隔、氧化皮和露出表面的缩松、针孔等缺陷，但不能发现充满着锈蚀产物的缺陷及隐蔽在表面以下的内部缺陷。

光线是电磁波的一种，它在真空中以每秒 3×10^8 m/s 的速度传播。每一种电磁波都有它自己的频率和波长，人眼可看到的光线在从红色到紫色的范围内。在电磁波的谱线中，波长比紫色的波长（40~20nm）更短者为紫外线，而比红色的波（800~1000nm）再长者为红外线。紫外线是不可见光。但是当它照射到荧光物质上时，却能激发出肉眼可见的荧光。根据这一特性，设法使铸件表面不易觉察的缺陷中渗入荧光物质，然后在暗室中，用紫外线照射，就能明显地发现铸件表面上的微小缺陷。荧光探伤法的示意图如图 10-1 所示。

在一般紫外线光源内总含有一些可见光线，有碍于对缺陷的观察。故通常在紫外线光源——水银石英灯管的下面安放一个镍玻璃制的滤光片。它将把可见光线吸收掉，以利于在暗室内观察缺陷。

c 着色探伤检验

检查铸件表面细小的裂纹类缺陷。着色探伤法适用于所有金属和非金属制品的表面缺陷检验，如可检查铸件的裂纹、冷隔、缩孔；锻件的裂纹、分居、折叠；焊件的裂纹、焊合不良、气孔，热处理淬火裂纹等。着色探伤原理易懂，操作方便，设备简单，除探伤剂外，不需特殊装置和暗室，可采用小型轻便容器，不

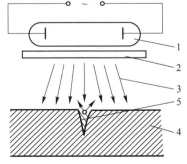

图 10-1 荧光探伤法示意图

1—紫外线光源；2—滤光片；3—紫外线；
4—铸件；5—充满荧光的缺陷

受零件形状及尺寸的影响，整个零件表面可以同时检验。

着色探伤法的原理同荧光探伤类似，也是一种利用渗透液渗入缺陷缝隙中，经显色后发现铸件表面缺陷的方法。即将铸件浸于渗透剂中，使渗透液渗入缺陷，然后取出，把铸件表面渗液清洗干净，再涂抹显色剂，使缺陷里的渗透液吸附于显色剂上，就呈现出缺陷轮廓的图像。

d　磁粉探伤检验

磁力线通过铁磁件材料的铸件而当铸件中有裂纹孔洞等缺陷存在时，由于缺陷与基本金属的磁导率不同（如钢的磁导率 $\mu = 1000H/m$，空气的磁导率 $\mu = 1H/m$），故磁力线就必然绕道这些缺陷而发生弯曲，部分磁力线被排挤到外面而形成漏磁场，如图 10-2 所示。若在铸件表面上撒布细小的磁性材料（磁粉），磁粉就会被吸附到有缺陷的局部磁场上将缺陷显现出来。这种显现缺陷的方法称为磁粉探伤法。

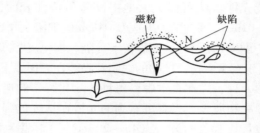

图 10-2　磁粉探伤原理

磁粉探伤用于检验铁磁性材料铸件上的表面和近表层的缺陷，具有灵敏度高、迅速、直观、操作简单的特点。

必须指出，并不是铸件所有方向上的表面缺陷都可以简单地用磁粉探伤法显现出来。例如，当磁场方向和裂纹方向平行时，磁力线便不可能泄漏至空气中，而无法察觉缺陷。由于铸件形状各不相同，且缺陷的形状和位置也各不相同，所以在实际操作中需要采用不同方向的磁化，以便使所有缺陷充分地显现出来。

e　煤油浸润检验

对有致密性要求的铸件，可用浸水或煤油检查其有无裂纹、缩松等缺陷。

10.1.1.2　表面粗糙度的检验

A　检验依据

在铸件表面上较小间距范围内，由峰谷所组成的微观不规则的几何形状特征，称为铸件表面粗糙度。只在用户对铸件表面粗糙度有要求时，此项目才作为验收依据。

铸件的表面粗糙度用轮廓算术平均偏差 R_a 或微观不平度十点高度 R_z 评定，由于铸件表面形成的特点，不宜用轮廓最大高度 R_y 评定。

由于铸件在生产过程中，使用的铸造方法、铸型的种类及铸件的金属材质不同，对铸件表面的粗糙度的要求也有所不同，所以在评定铸件表面粗糙度时，要根据铸件生产的不同情况，按不同的标准评定等级，见表10-1。

表 10-1　铸件的表面粗糙度

材质	表面粗糙度 R_a					
	小件（<100kg）		中件（100～1000kg）		大件（>1000kg）	
	一般件	较好件	一般件	较好件	一般件	较好件
铸钢砂型	50	25	100	25	100	50
铸铁砂型	25	12.5	50	25	100	50

B　表面粗糙度的评定

铸件表面粗糙度的评定和测量方法可分为两大类，即面积法和轮廓法。

a　面积法

面积法是通过间接测量法和比较测量法评定铸件表面粗糙度的。间接测量法包括气动法、反射法和电容法。这些方法不常用，这里不再介绍。

比较测量法通过视觉或触觉，采用表面粗糙度比较样块与铸件表面对比的办法，评价铸件的表面粗糙度。此方法简单易行，是一种通用的方法。

用铸造表面粗糙度比较样块评定铸件表面粗糙度的方法如下：

(1) 铸造表面粗糙度比较样块［应符合《表面粗糙度比较样块　第1部分：铸造表面》(GB/T 6060.1—2018) 标准］。

(2) 按照《铸造表面粗糙度评定办法》(GB/T 15056—2017) 评定铸件表面粗糙度的等级。

(3) 铸件的浇道、冒口、修补的残余表面及铸造表面缺陷（如黏砂、结疤等）不列为被检表面。

(4) 以铸造表面粗糙度比较样块为对照标准，对被检铸件的铸造表面用视觉或触觉的方法进行对比。

1) 视觉对比时，应在阳光充足的地方，用目视法直接对比，也可用放大镜观察对比；

2) 触觉对比时，应用手指在被检铸件表面和相近的两个参数等级比较样块表面轻轻刻画，获得同样感觉的那个等级即为被检铸造表面粗糙度数值。

(5) 用样块对比时，应选用适于铸造合金材料和工艺方法的样块进行对比。

(6) 被检的铸造表面必须清理干净，样块表面和被检表面均不得有锈蚀处。

(7) 用样块对比时，砂型铸造表面被检点数应符合表10-2规定，特种铸造面被检点数应按规定加倍。被检点应平均分布，每点的被检面积不得小于与之对比面的样块面积。

表 10-2　被检铸造表面最低检测数

被检铸造表面面积/cm²	< 200	200 ~ 1000	1000 ~ 10000	> 10000
被检点数	不少于 2	每 200cm² 不少于 1	每 200cm² 不少于 1	不少于 10

（8）当被检铸造表面的粗糙度介于比较样块两级参数值之间者，所确定的被检铸造表面的粗糙度等级为粗的一级。

（9）对被检铸造表面，以其 80% 的表面所达到的最粗表面粗糙度等级，为该铸造表面粗糙度等级。如有特殊要求时，可由供需双方商定。

b　轮廓法

轮廓法是用各种轮廓仪在铸件表面通过实际检测，测定出局部表面实际轮廓的几何参数来评定表面粗糙度。

JCD 电法铸件表面粗糙度测量仪，就是采用轮廓法的触针式电感轮廓记录仪。把具有一定曲率半径的触针轻轻放在铸件表面上，并在被测表面以恒定的速度运动。凹凸不平的表面就会使触针上下运动把触针的移动由电感位移传感器转变成电信号，经电子装置放大后，转变为代表铸件表面轮廓的电信号。输入记录器，便可以画出铸件表面轮廓放大图。按评定参数（R_a）或（R_z）对轮廓放大图进行处理，可测出铸件的表面粗糙度。

用轮廓法测定铸件表面粗糙度，测量方法比较复杂，检测费时，故只有在特别必要时才使用。

10.1.1.3　表面清理质量的检验

铸件的表面清理是铸件生产过程中的重要工序。其基本要求如下：

（1）厚的铸件外表面上，一般不允许有黏砂、氧化皮和影响零件装配及外表美观的缺陷。

（2）机械加工基准面（孔）或夹固面应光洁平整。

（3）铸铁件内腔应无残留砂芯块、芯骨、飞翅、毛刺等多肉类缺陷。

（4）铸件几何形状必须完整，非加工面上的清理损伤不应大于该处的尺寸偏差，加工面上的损伤不应大于该处加工余量的 1/2。

（5）除特殊情况外，应规定铸件表面允许存留的浇冒口、毛刺、多肉残余量。数值见表 10-3。

表 10-3　浇冒口、毛刺、多肉等允许残余量值

类　别	非　加　工　面				加　工　面	
	凸出高度/mm		占所在表面积百分数/%		凸出高度 /mm	占所在表面积 百分数/%
	外表面	非外表面	外表面	非外表面		
浇冒口残余量	0 ~ 0.5	< 2	—	—	< 2 ~ 4	—
毛刺残余量	0	< 2	—	—	< 1 ~ 2	—

类　别	非　加　工　面				加　工　面	
	凸出高度/mm		占所在表面积百分数/%		凸出高度 /mm	占所在表面积 百分数/%
	外表面	非外表面	外表面	非外表面		
胀砂残余量	<1	<2	2	4	<2	<15
多肉残余量	<1	<2			<2	—

（6）有特殊清理要求的铸件，应另附图说明要求。

10.1.2　尺寸检验

10.1.2.1　尺寸公差

铸件检验一般按图纸规定的尺寸作为测量的基本尺寸，根据图纸规定的公差进行判定尺寸是否合格。图纸没有规定的，根据不同的铸造方法，采用相应的精度等级，其实际尺寸应在规定的公差范围内。铸件尺寸公差数值见表 10-4。

表 10-4　铸件尺寸公差数值　　　　　　　　　　　　　　（mm）

铸件基本尺寸		公差等级 CT														
大于	至	1	2	3	4	5	6	7	8	9	10	11	12	13	14	15	16
—	3	—	—	0.14	0.20	0.28	0.40	0.56	0.80	1.2	—	—	—	—	—	—	—
3	6	—	—	0.16	0.24	0.32	0.48	0.64	0.90	1.3	—	—	—	—	—	—	—
6	10	—	—	0.18	0.26	0.36	0.52	0.74	1.0	1.5	2.0	2.8	4.2	—	—	—	—
10	16	—	—	0.20	0.28	0.38	0.54	0.78	1.1	1.6	2.2	3.0	4.4	—	—	—	—
16	25	—	—	0.22	0.30	0.42	0.58	0.82	1.2	1.7	2.4	3.2	4.6	6	8	10	12
25	40	—	—	0.24	0.32	0.46	0.64	0.90	1.3	1.8	2.6	3.6	5.0	7	9	11	14
40	63	—	—	0.26	0.36	0.50	0.70	1.0	1.4	2.0	2.8	4.0	5.6	8	10	12	16
63	100	—	—	0.28	0.40	0.56	0.78	1.1	1.6	2.2	3.2	4.4	6	9	11	14	18
100	160	—	—	0.30	0.44	0.62	0.88	1.2	1.8	2.5	3.6	5.0	7	10	12	16	20
160	250	—	—	0.34	0.50	0.70	1.0	1.4	2.0	2.8	4.0	5.6	8	11	14	18	22
250	400	—	—	0.40	0.56	0.78	1.1	1.6	2.2	3.2	4.4	6.2	9	12	16	20	23
400	630	—	—	—	0.64	0.90	1.2	1.8	2.6	3.6	5	7	10	14	18	22	25
630	1000	—	—	—	1.0	1.4	2.0	2.8	4.0	6	8	11	16	20	25	32
1000	1600	—	—	—	—	1.6	2.2	3.2	4.6	7	9	13	18	23	29	37
1600	2500	—	—	—	—	—	2.6	3.8	5.4	8	10	15	21	26	33	42
2500	4000	—	—	—	—	—	—	4.4	6.2	9	12	17	24	30	38	49
4000	6300	—	—	—	—	—	—	—	7.0	10	14	20	28	35	44	56
6300	10000	—	—	—	—	—	—	—	—	11	16	23	32	40	50	64

注：1. CT1 和 CT2 没有规定公差值，是为将来可能要求更精密的公差保留的；

2. CT13 至 CT16 小于或等于 16mm 的铸件基本尺寸，其公差值需单独标注，可提高 2～3 级。

10.1.2.2　铸件尺寸检验的规范

为保证铸件满足机械加工和使用性能的要求，在检验铸件尺寸时应遵循以下的一般规定。

(1) 铸件的尺寸和几何形状应符合零件图与铸件图的要求，若无特殊规定时，铸件尺寸公差应符合指定精度等级的公差要求。

(2) 铸件出入库或进行机械加工时应对每批抽 5% ~ 10% 的铸件，按铸件图要求，抽检其主要尺寸。若铸件尺寸检验不合格时，应逐件进行检验，不合格的铸件（若影响使用）予以报废。

(3) 由于影响铸件尺寸的因素较多，故除按规定抽检其主要尺寸外，对于未规定抽检的尺寸，也应适当予以检验，以保证尺寸完全合格。

(4) 铸件尺寸超差（如配合尺寸），需要利用时，应查明原因，找出责任者订出改进措施后，由责任单位填写超差品利用单，办理批准手续后，才能利用，否则予以报废。

10.1.2.3　铸件尺寸的检查方法

铸件尺寸的检查方法归纳起来有 5 种：实测法、画线法、专用检具法、样板检查法和仪器测量法。由于铸件的生产批量、重要程度不同，以及铸件的大小和复杂程度的差别，铸件的尺寸检查方法是不太一样的。

对要求不太严格的简单件，可采用首件检查和定期抽查的方法来控制铸件的尺寸精度；对要求严格的铸件，应逐个检查，发现问题及时解决，以免造成不应有的经济损失。

A　小型简单铸件的尺寸检查

小型简单铸件可采用实测方法检查，具体步骤如下。

(1) 以铸件毛坯图或铸件工艺图样的尺寸及技术要求为依据。

(2) 用各种通用量具：钢板尺、直角尺、角度尺和卡钳等，逐个测量这些角度，并把测量的数据记录下来。

(3) 所测得各个尺寸符合以下不等式时，铸件的尺寸为合格。

毛坯图尺寸 − 公差数值/2 ≤ 实测尺寸 ≤ 毛坯图尺寸 + 公差数值/2

B　小型重要铸件的尺寸检查

对于尺寸要求比较严格的小型铸件，可用精度较高的量具游标卡尺、直角尺、角度尺等进行直接测量，判定铸件的合格与否。也可采用专用的检具检查的方法。该方法有以下特点：

(1) 操作方便，检查过程简单，工作效率高。

(2) 只能判别铸件的合格与否。

(3) 不能判定铸件每个尺寸的具体数值。

(4) 用专用检具检查复杂铸件时，可能造成检具的结构多，设计制造检具的周期长。

（5）专用检具需一定投资。

C　一般铸件的尺寸检查

一般铸件的尺寸检查除应用小型铸件的两种检查方法外，最通常的方法是画线检查铸件的尺寸精度。此方法比较复杂，所以只能用于首件和抽查铸件尺寸的方法步骤。

D　大型铸件的尺寸检查

大型铸件的尺寸公差数值比较大，尺寸的测量比较容易进行。简单铸件多用盒尺和直角尺检查。对于大型、复杂、尺寸要求严格的铸件，多用画线的方法检查铸件的尺寸精度。要根据需要制作一些专用的画线设备。

用仪器检测铸件的尺寸精度。用特种铸造方法，如压力铸造、熔模铸造、陶瓷型铸造等生产的有色铸件；特种合金铸件；军用、航空、船舶及对尺寸要求极为严格的铸件，可用仪器测量铸件的尺寸精度。用测量仪测量铸件的壁厚，用三坐标测量仪测量铸件的各个尺寸。

10.1.2.4　形位公差的测量

A　基本概念

铸件表面的形位公差，应在有关尺寸公差范围内。精度要求不高的铸件，常不检验形位公差，但是对于提出了形位公差要求的铸件，则需要进行形位公差检验，因为铸件的形位公差总是客观存在的，不可能做出没有公差的铸件，而只能将公差限制在许可范围内。

B　铸件形状误差的测量

a　直线度误差测量

在给定剖面或给定方向上直线度误差可用光隙法进行检验。

将平尺（或刀口尺）放在被检查的表面给定方向或给定剖面上，使它和被测实际轮廓线紧密接触，并使两者之间的最大间隙达到最小，此时的最大间隙即为该条被测素线的直线误差。按上述方法测量若干条素线，取其中最大的误差值作为该被测零件的直线度误差。当光隙较大时，则可用塞尺（或称厚薄规）测量，当光隙较小时，如用塞尺不能判断，可用标准光隙样板来估读。

b　平面度误差测量

平面度误差是平面在各个方向上最大的直线度误差。所以测量铸件平面度误差的方法，一般用的也是刀口尺测量法，其特点是方法简单、操作方便。

用刀口尺或三棱尺、四棱尺测量平面上各个方向的直线度误差，直接用光隙法和塞入塞尺获得误差值。取其中的最大误差值作为整个平面的平面度误差。用刀口尺测量平面度误差时，必须注意刀口尺的放置方式要适当，否则将会影响测量准确性。

用带指示器的测量架测量平面度误差。测量时，将被测铸件支撑在平板上调整被测表面最远三点，使其与平板等高。按一定的布点测量被测表面，同时记录读数，取指示器最大与最小读数的差值近似地作为平面度误差。

c　圆度误差测量

圆度误差是用来表示圆柱形表面（孔或轴）横断面内的形状误差的。圆度误差 Δ 以同一横断面内，两同心圆的半径差值来表示。

其计算公式为

$$\Delta = R_{最大} - R_{最小} \tag{10-1}$$

测量若干个截面，按计算公式（10-1），取其中最大的误差值作为该被测铸件的圆度误差。

C　铸件位置误差的测量

a　平行度误差测量

平行度误差分四种情况：画对面、面对线、线对面和线对线的平行度误差。在测量前应注意分析属于哪一种情况，正确选择测量基准和测量方法。对铸件来讲，一般只测量面对面的平行度误差。

面对面平行度误差一般在画线平台上用带指示器的测量架进行测量。测量时将基准平放在平台上，在整个被测面上进行测量，取指示器的最大与最小读数之差作为该铸件的平行度误差。

图10-3 所示为被测铸件的基准面 A 不能直接放在平台上时，用可调支撑（千斤顶）支撑底面，调整基准 A 与平台平行，然后用带指示器的测量架在整个被测表面上进行测量，取指示器的最大与最小读数之差，作为该铸件的平行度误差。

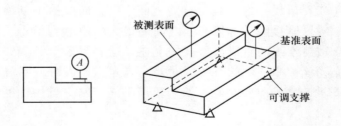

图 10-3　测量平行度误差示意图

图 10-4 所示为使用方箱测量两平面平行度误差的例子。

图 10-5 所示是用水平仪测量平行度误差的例子。测量时将被测铸件的基准表面放置在平台上。用水平仪分别在平板和被测铸件上的若干个方向上记录水平仪的读数 A_1、A_2。各方向上平行度误差 f 应为

$$f = |A_1 - A_2| LC$$

式中　C——水平仪刻线值（线值）；

　$A_1 - A_2$——对应的每次读数差；

　　L——沿测量方向的零件表面长度。

取各个方向上平行度误差中的最大值作为该铸件的平行度误差。

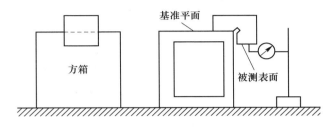

图 10-4　用方箱测量平行度误差示意图

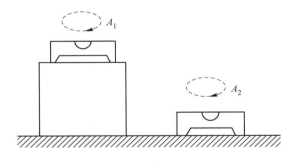

图 10-5　用水平仪测量平行度误差

b　垂直度误差测量

垂直度误差根据基准的不同可分为四种情况：面对面、面对线、线对线和线对面的垂直度误差。对铸件来讲，一般只测量面对面的垂直度误差。

垂直度误差可在平台上用直角座（包括刀口直角尺）、带指示器的测量架、方箱、V 形铁等通用工具进行测量，也可用专用测具或量规测量。

图 10-6 所示为用刀口角尺（或直角尺）测量两平面垂直度误差的示例。测量时将刀口角尺放在基准平面上，另一直角刀口边靠在被测表面上，根据光隙大小或用塞尺来检查被测表面对基准平面的垂直度误差，测量是在被测表面所要求的范围内进行，其最大光隙即为垂直度误差。

图 10-7 所示为用直角座测量两平面垂直度误差的示意图。测量时，将被测铸件的基准面固定在直角座上，同时调整被测表面读数差为最小值，取指示器在整个被测表面各点测得的最大与最小读数之差作为该铸件的垂直度误差。

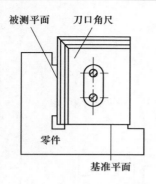

图 10-6　用刀口角尺测量垂直度误差

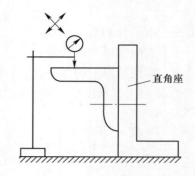

图 10-7　用直角座测量垂直度误差

　　图 10-8 所示为用方箱测量两平面垂直度误差的示例。测量时将铸件的基准平面贴靠在方箱上并夹紧，然后在整个被测表面上进行测量，取指示器在整个被测表面各点测得的最大与最小读数之差作为该铸件的垂直度误差。

　　图 10-9 所示为测量孔对其端面的垂直度误差。在划线平台上，将铸件的底面支撑起来，用直角尺的一直角边靠在平台平面上，调整支撑使直角尺紧贴基准平面（即使基准平面与平台垂直），然后将被测孔由心轴模拟，用指示器在给定长度 L 上进行测量，并记录读数，其最大读数差值即为孔对端面的垂直度误差。

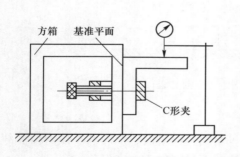

图 10-8　用方箱测量垂直度误差

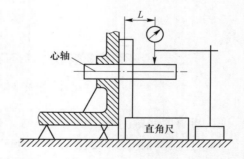

图 10-9　用直角尺测量孔对面的垂直度误差

　　图 10-10 所示为用刀口角尺按光隙法测量孔对一平面垂直度误差的例子，测量时将基准平面贴放在方箱上，并固定。被测孔由心轴模拟，再用刀口角尺靠在心轴母线上，按光隙法测量。

　　c　同轴度误差测量

　　同轴度误差是指被测轴心线与基准轴心线之间的最大偏移距离。

　　同轴度误差可用通用工具进行测量。图 10-11 所示为用卡尺测量同轴度误差的示例。测量时，先测出内外圆之间的最小壁厚 b，然后测出相对方向的壁厚 a。同轴度误差：$f = a - b$。

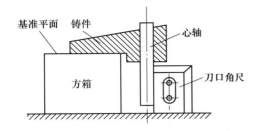

图 10-10 用刀口角尺测量孔对面垂直度误差

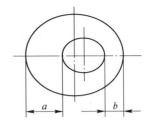

图 10-11 用卡尺测量同轴度误差

图 10-12 是用测量圆跳动的方法测量同轴度误差的示例。如图 10-12(a) 所示，测量时，将基准左面放在 V 形铁上，零件在 V 形槽中转动，用指示器在测量表面上分别测量各横截面上的圆跳动量，取最大圆跳动量的一半作为被测表面对基准表面的同轴度误差。

当基准表面是内孔时，如图 10-12(b) 所示，可用心轴插入基准孔中，用测定跳动的方法测量外圆对内孔的同轴度，也是取圆跳动量最大值的一半作为同轴度误差值。

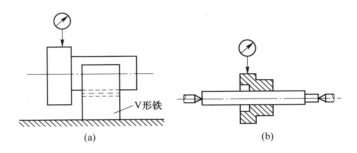

(a)   (b)

图 10-12   用测量圆跳动的方法测量同轴度误差

d   对称度误差测量

对称度误差是指被测表面的对称平面（或轴心线）与基准表面的对称平面（或轴心线）之间的偏移距离。

对称度误差可在平台上用通用方法进行测量，也可用专用量规或测具测量。对称度误差测量可分为面对面、面对线、线对面三种对称度误差测量。

图 10-13 所示为测量平面对平面对称度误差的示例，测量时，将被测铸件的基准表面之一放置在平台上。测量被测表面与平台之间的距离 a_1，将被测铸件翻转 180° 后；测量另一被测表面与平台之间的距离 a_2。取测量截面内对应两测点间的最大差值作为该铸件的对称度误差。

图 10-14 所示为测量轴心线对平面对称度误差的例子。测量可在画线平台上

进行。先测量基准平面 3、4，并进行调整和计算，使公共基准中心平面与平台平行(轴中心平面由槽深 1/2 处的槽宽中点确定)。再用测量被测轮廓要素 1、2，计算出孔的轴线位置。在各个正截面上测得的结果中，孔的轴线与公共基准中心平面之间最大变动量的两倍，即为该零件的对称度误差。

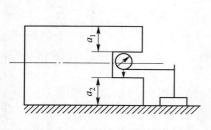

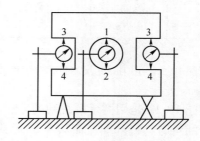

图 10-13　平面对平面对称度误差　　　　图 10-14　轴心线对平面对称度误差

10.1.3　质量检验

当要求以铸件的质量公差作为验收依据时，应按照《铸件重量公差》(GB/T 11531—1989) 规定等级（见表 10-5）并在图样或技术文件上注明。该标准适合于砂型铸造、金属型铸造、压力铸造、低压铸造和熔模铸造等方法生产的各种金属及合金铸件。铸件质量公差标准与《铸件尺寸公差》(GB 6414—2017) 配套使用。

表 10-5　铸件质量公差数值

公称质量/kg		质量公差等级 MT														
大于	至	1	2	3	4	5	6	7	8	9	10	11	12	13	14	15	16
—	0.1	—	5	6	8	10	12	14	16	18	20	24	—	—	—	—	—
0.1	1	—	4	5	6	8	10	12	14	16	18	20	24	—	—	—	—
1	4	—	3	4	5	6	8	10	12	14	16	18	20	24	—	—	—
4	10	—	—	3	4	5	6	8	10	12	14	16	18	20	24	—	—
10	40	—	—	2	3	4	5	6	8	10	12	14	16	18	20	24	—
40	100	—	—	—	2	3	4	5	6	8	10	12	14	16	18	20	24
100	400	—	—	—	2	3	4	5	6	—	10	12	14	16	18	20
400	1000	—	—	—	—	2	3	4	5	6	8	10	12	14	16	18
1000	4000	—	—	—	—	—	3	4	5	6	8	10	12	14	16
4000	10000	—	—	—	—	—	—	2	3	4	5	6	8	10	12	14
10000	40000	—	—	—	—	—	—	—	2	3	4	5	6	8	10	12

铸件质量公差是以铸件公称质量的百分比为单件的铸件质量变动的允许范围。

选出质量公差等级后,再以铸件的公称质量所在范围查出铸件的质量公差数值,用此数值考核铸件质量的合格与否。

10.1.4 内部检验

10.1.4.1 铸件的内部质量特点

铸件的内部质量是指与使用单位要求相关的铸件内部状况,主要包括铸件化学成分、铸件金相组织、铸造偏析、铸造应力、铸件致密度和铸件内部缺陷等。对于修理企业来说,主要是检查铸件的内部缺陷。

10.1.4.2 铸件的主要缺陷

铸件的主要缺陷如下。

(1) 针孔、气孔。指熔化的金属在凝固时,其中的气体来不及逸出留在金属表面或内部发生的圆孔。其中直径为 2~3mm 的圆孔称为针孔,大于 3mm 的圆孔称为气孔。

(2) 夹渣。被固态金属基体所包围着的杂质相或异物颗粒,是浇注时铁水包中的熔渣没有与铁水分离,混进铸件而形成的缺陷。

(3) 夹砂。是浇注时由于砂型的砂子剥落,混进铸件而形成的缺陷。

(4) 密集气孔。是铸件在凝固时由于金属的收缩而发生的气孔群。

(5) 冷隔、浇不足。主要是由于浇注温度太低,金属熔液在铸模中不能充分流动,在铸件表面生成冷隔;因铁水未流入而形成缺口的地方称为浇不足。

(6) 裂纹。是由于材质和铸件形状不适当,在凝固时因收缩应力而产生的裂纹。在高温下产生的称为热裂纹,在低温下产生的称为冷裂纹。

(7) 缩松。铸铁或铸件在凝固过程中,由于诸晶枝之间的区域内的熔体最后凝固而收缩及放出气体,导致产生许多细小孔隙和气体而造成的不致密件。

(8) 偏析。合金金属内各个区域化学成分的不均匀分布。

(9) 脱碳。钢及铁基合金的材料或制件的表层内的碳全部或部分失掉的现象。

10.1.4.3 常用检验方法

常用于内部组织和内部缺陷的检验办法如下。

A 宏观检验

利用肉眼或 10 倍以下的低倍放大镜观察金属材料内部组织及缺陷的检验。常用的方法有断口检验、低倍检验、塔形车削发纹检验及硫印试验等。主要检验气泡、夹渣、分层、裂纹、晶粒粗大、白点、偏析、缩松等。

B 显微检验

显微检验又称高倍检验,是将制备好的试样,按规定的放大倍数在金相显微镜下进行观察测定,以检验金属材料的组织及缺陷的检验方法。一般检验夹杂物、晶粒度、脱碳层深度、晶间腐蚀等。

C　超声波检验

超声波检验又称超声波探伤。利用超声波在同一均匀介质中做直线性传播，但在两种不同物质的界面上，便会出现部分或全部的反射。因此，当超声波遇到材料内部有气孔、裂纹、缩孔、夹杂时，则在金属的交界面上发生反射，介质界面越大反射能力越强，反之越弱。这样，内部缺陷的部位及大小就可以通过探伤仪荧光屏的波形反映出来。在国内外目前应用最广泛、灵敏度较高的超声波探伤法是 X 射线照相法。

D　声发射探伤

任何材料或结构在受力变形或破坏过程中，都会发出声音，这种现象就称为声发射。

根据声发射原理也可以判断出铸件中有无裂纹缺陷。这种方法在个别情况下是很有效的。在生产中形状复杂的薄壁铸件（如压铸件）易产生裂纹或冷隔等缺陷，有时用肉眼不易发现，如果把铸件轻轻地往地上一摔，若发出"沙哑"声音，就证明铸件某部有断裂现象。

但声发射的音响，多数情况是要借助声学和电子仪器来捕捉其信号，然后再经过分析处理，探测出铸件产生的缺陷及其发展规律，并寻找缺陷位置。检测时可将声发射传感器放在待测件的关键部位，一旦缺陷出现或扩大时，所发出的声音就会被传感器测出，电子计算机将传感器的信息加以处理，并显示其损伤部位。这种系统通常用于大型构件的检测。

声发射探伤的优点很多，它不但能发现铸件的内部缺陷，还能对零部件进行实时检测和监视报警。这不仅增加了安全可靠性，而且发现缺陷产生和扩大时能及时维修。检测时，不受铸件尺寸、形状限制，只要物体中有声发射现象发生，在物体的任何位置都可探测到，这对检测大型复杂铸件极为方便，并可用它进行较远距离的监视等。

E　涡流探伤

涡流探伤是利用交变磁场，在铸件体内有缺陷和无缺陷处产生的涡流效应不同而发现缺陷的。

涡流探伤能发现铸件（钢、不锈钢和耐热合金件）表面裂纹、夹杂、痕等缺陷。涡流探伤法分放置线圈法和通过线圈法两种类型。用于探测铸件缺陷时采用放置线圈法，即励磁线圈（探头）放置在被探伤部位。经由探头来的缺陷信息送到有关装置进行处理放大，在示波器上显示出来。放置线圈涡流法可以在薄漆层零件上发现深度为 0.1mm 的裂纹，而且能定性评价裂纹深度。

F　加压检验法

检验铸件致密性、缩松、针孔、穿透裂纹及穿通气孔等，可采用加压试验。

加压试验之前，铸件应经目视检验合格。

加压试验是把一定压力的液体或气体通入在工作时受压的壳体类铸件的内腔，当铸件存在内部缺陷时，受压的液体或气体便可能通过铸件的缺陷处渗漏出来。这样就可简便地确定铸件有无穿透性的缺陷及缺陷的位置。根据加压介质的不同，分为液压试验和气压试验。

G 金相检验法

利用金相法对铸件断口或试样进行低倍、高倍显微组织检验，从而判别铸件材质、基体组织是否符合规定要求，同时也可反映出炉前处理、热处理等各方面是否符合要求。

除以上检验铸件缺陷的方法外，还有碱/酸腐蚀、车削试验及喷砂等方法。

10.1.4.4 铸件内部缺陷检验规范

铸件内部缺陷的检验规范应按设计图纸或技术条件有关规定进行。

（1）各类铸件内部不允许有裂纹缺陷。

（2）凡技术条件要求用 X 射线检查内部缺陷的铸件，应按规定的要求进行 X 射线透视。透视前需先经目视（外视）检验合格，其表面应无毛刺，并切除浇冒口和清理干净。X 射线透视方法应按工厂规定的《X 射线检验说明书》进行。当抽验不合格时，则取双倍，双倍中仍有不合格铸件时，则该批铸件全部透视。

（3）断口检验，一般用目视或放大镜观察铸件断面有无缺陷。必要时可进行 X 射线透视和力学性能试验。

（4）低倍检验，一般用目视或不超过 20 倍放大镜观察试样的断面。对有色金属，主要检查铸件的针孔、缩松、夹杂、偏析、粗晶等缺陷。对黑色金属，主要检查铸件裂纹、缩松、夹渣、偏析等。铸件针孔在无特殊规定时，按三级验收，并按标准的针孔低倍图片评定等级。

（5）凡图纸或技术条件要求检验铸件内部组织的，当抽检不合格时，则取双倍。双倍中仍有不合格时，则该批铸件予以报废。

（6）凡要求气密性的铸件，应根据图纸要求进行气密性检查。气密性检查之前，铸件应经目视检验合格。当检验不合格时，允许进行浸润处理。但浸润处理不得超过 3 次。

（7）镁合金铸件内部不允许有溶剂夹渣缺陷。对铸件中允许存在的显微缩松，则应按设计部门在图纸或专用技术条件规定的等级进行评定验收。

（8）铸件内部的夹杂、气孔、缩松和偏析缺陷，应按专用的技术标准进行评定验收。

10.1.5 气密性检验

对于有气密、水密性要求的承压铸件，利用水、油、气等介质在试验压力下通入铸件，并保持一段时间，观察其有无渗漏、冒汗、冒气等现象，从而判断铸件的致密性能是否符合质量要求（见表10-6）。

表 10-6　气密性的检验

试验方法	使用介质	工 作 压 力	保压时间	试验结果	结论
水压试验	水	1~2倍铸件工作压力	15~20min	压力不下降	合格
气压试验	压缩空气	980kPa	5~10min	不冒气泡	

10.2　锻　件　检　验

锻件质量检验，一方面是对已制锻件的质量把关；另一方面则是给锻造工艺指出改进方向，从而保证锻件质量符合锻件技术标准的要求，并满足设计、加工、使用上的要求。

10.2.1　锻造常见缺陷分析

锻造的缺陷，主要是材料、加热、锻造过程及热处理等引起的。锻件的缺陷发现以后，需要综合起来进行分析，并要掌握不同情况下产生缺陷的不同特征，以便具体问题具体分析。

（1）下料时产生的缺陷。锻件下料时产生的缺陷见表10-7。

表 10-7　锻件下料时产生的缺陷

名　称	产 生 原 因
下料切斜	剪床上下刀口间隙调整不当；材料装夹不当；锯床使用锯片变形；下料时进刀太快
端部弯曲	剪床上下刀口间隙过大；压紧力不够；剪切温度过高
端面裂纹	剪切温度过低；刀片刃口半径过大
端面毛刺	剪床上下刀口间隙过小；锯床下料时锯片磨损被撕裂

（2）加热及热处理时产生的缺陷。加热及热处理时的缺陷见表10-8。

表 10-8　加热及热处理时的缺陷

名　称	产 生 原 因
过热	加热时温度高；高温区停留时间长
过烧	加热时炉温过高；在高温区停留时间过长，锻造时会产生开裂
氧化	炉中有氧化气体；在高温区停留时间过长
脱碳	加热时间太长，含碳量高的材料可用快速加热；与炉中气体成分有关
裂纹	加热速度过快；大截面毛坯未先预热；毛坯中有残余应力

（3）锻造时产生的缺陷。锻造时产生的缺陷见表10-9。

表10-9　锻造时产生的缺陷

名　称	产　生　原　因
凹穴	加热不当；毛坯表面氧化皮厚，未清除；炉膛清理不干净
未充满（凸起部分、圆角半径、筋部）	加热温度不够，塑性差；锻造设备吨位小；锻模设计有缺陷；模具内腔粗糙度差
错移	锤头与导轨之间的间隙过大；锤杆弯曲变形；锻模设计有缺陷；模具调整不当或模具松动；毛坯尺寸及形状超差或安放位置不当
弯曲变形	长锻件起模时产生弯曲及薄小锻件易变形；切边或冲孔时易产生弯曲变形；冷却时放置不当，热态锻件随便抛掷
切伤	锻模与切边模配合不当；切边时锻件未放正；操作不当
毛刺	切边模与锻模配合不当；切边模间隙不合理；切边模磨损
折叠	锻模设计不合理；毛坯尺寸大；模具产生错移；操作不当
裂纹	毛坯质量差；加热不规范；温度低时继续锤击
尺寸超差	锻模磨损；锻件冷却收缩考虑不当；模具制造超差；温度过高，氧化皮厚
偏斜偏心	锻造工艺或操作不当；加热不均匀

10.2.2　锻件检验项目

锻件检验的项目、内容与锻件的用途有关，一般的检查项目见表10-10。

表10-10　锻件成品检验

检验项目	检　验　内　容	检　验　依　据	检　验　方　法
表面质量	1. 检查锻件表面缺陷（伤痕、过烧、裂纹、折叠、凹陷）； 2. 检查锻件表面各类印痕	1. 按有关标准； 2. 专用技术条件	1. 目测检查（5～10倍放大镜）； 2. 着色检查； 3. 磁力探伤法按《无损检测　磁粉检测》（GB/T 15822—2005）标准执行； 4. 渗透探伤法按《无损检测　渗透检测》（JB/T 9218—2007）标准执行； 5. 对某些锻件缺陷不能做出判断时，可在冷铲或粗加工后再检查
几何形状和尺寸	锻件分模面错移的检验 	锻件图纸	1. 目测法； 2. 划线法； 3. 专用样板测量； 4. 圆柱形锻件有横向错移时，可用游标卡尺进行分模线处直径的测量

检验项目	检验内容	检验依据	检验方法
几何形状和尺寸	锻件高度及直径的检验 高度检验　直径检验	锻件图纸	1. 用万能量具测量，如游标卡尺、带刻度外卡钳； 2. 用极限卡板测量； 3. 划线检验
	锻件壁厚的检测 		1. 用万能量具测量，如游标卡尺、带刻度外卡钳； 2. 划线检验
	锻件孔径的检验		1. 用万能量具测量； 2. 小孔及斜孔可用极限量规测量
	锻件长度的检验		1. 用万能量具测量； 2. 如被测锻件长度精度要求较高，并且生产批量较大，可用专用样板检验； 3. 划线检验
	锻件弯曲度的检验		1. 长杆形等截面锻件可在平板上旋转测定其最大弯曲度； 2. 用专门设定的 V 形块将锻件架起旋转，用百分表测出锻件的挠度； 3. 对形状较复杂，不易测量的，可用专用样板检验； 4. 划线检验
	锻件平面平行度的检验		1. 划线检验； 2. 在平板或专用测具上测量
	锻件平面垂直度的检验		1. 角尺检验； 2. 在专用检具上测量； 3. 划线检验； 4. 将锻件夹紧在角铁、方箱上用百分表测量
	锻件圆柱面和圆角半径的检验 		1. R 规检验； 2. 专用样板测量； 3. 划线检验

检验项目	检 验 内 容	检 验 依 据	检 验 方 法
几何形状和尺寸	锻件角度的检验	锻件图纸	1. 万能角尺测量； 2. 专用样板测量； 3. 划线检验
	偏心度的检验		游标卡尺测量锻件偏心最大处同一直径两个方向的尺寸 A_1 和 A_2，其偏心度 $e=\left\lvert\dfrac{A_1-A_2}{2}\right\rvert$
内部质量	高倍检查锻件内部或断口上组织状态与各种缺陷	按《钢的显微组织检验方法》（GB/T 13299—2022）	1. 选取试样作金相显微检查，观察切片试样的组织状态和各种微观缺陷（内部裂纹、非金属夹渣等）； 2. 必要时拍片进行金相分析
	低倍检查锻件的内容及截面上各种缺陷（试样取容易出现缺陷的部位）	1. 按《钢的低倍组织及缺陷酸蚀方法》（GB/T 226—2015）； 2. 硫印检验按《钢的硫印检验方法》（GB/T 4236—2016）	1. 低倍组织检查； 2. 酸浸检查夹渣、裂纹等缺陷； 3. 断口检验过热、过烧、白点等缺陷； 4. 硫印检验金属偏析、硫分布不均等缺陷
	无损检验		1. 超声波探伤（一般用于大型锻件）； 2. 磁力探伤
机械性能	1. 硬度； 2. 拉伸； 3. 冲击韧性	1. 拉伸试验按《金属拉伸实验法》（GB 228—2019）； 2. 冲击试验按《金属材料夏比缺口冲击试验法》（GB 229—2007）	1. 硬度计或硬度机上检验； 2. 选取试样做拉力试验、冲击试验及黏度有关实验

10.2.3　锻件验收的技术条件

10.2.3.1　自由锻件通用技术条件和验收规范

A　锻件的级别

锻件的级别是根据设计要求、工作特性和用途来确定的。一般将自由锻件分为五级（见表 10-11）。

表 10-11　自由锻件分级

锻件级别	实验项目			试 验 数 量
	硬度	拉力	冲击	
I	—	—	—	无
II	√	—	—	同一钢号，同一热处理规范者每批取 5% 做硬度试验，一般不少于 5 件
III	√			逐件试验硬度
IV	√	√	√	1. 逐件试验硬度； 2. 同一钢号，同一批来料，同一炉热处理者，每批取 2% 做拉力、冲击试验，一般不少于 2 件
V	√	√	√	逐件逐项试验

注：1. 在 II 和 IV 中，锻件的试验数量可根据用户（设计部门）的要求增减；

　　2. 表中"√"表示要试验的项目。

（1）对某些锻件要求的试验项目，超出表 10-11 中的规定时（如无损探伤、内应力测定、金相、低倍和弯曲试验等），经修理技术部门和用户双方协议，在锻件图和订货合同中注明。

（2）锻件的试验级别确定后，在锻件图和订货合同中均有明确的标注。

（3）若锻件图和订货合同中，未注明锻件级别者，按 I 级锻件处理。

B　锻件技术要求

自由锻件的技术要求一般包括以下内容：

（1）锻造用钢：

1）制造部门应按图纸的要求，采用规定的钢号；

2）锻造用的钢锭和钢坯，需附有检验合格证明书，如果没有时，需在制造厂进行补充检验（复验化学成分）合格者方可使用；

3）为保证锻件质量，锻造用的钢锭两端不坚实的部分必须切除；

4）锻造用主要原材料见表 10-12。

表 10-12　锻造用主要原材料

序号	材 料 名 称	主 要 用 途	备注
1	钢锭	大型锻件	
2	方钢或圆钢（轧制）	中、小型锻件	胎模锻件
3	方钢或圆钢（水压机开坯）	中、小型锻件	
4	圆棒或方钢（轧制）	模锻件	

（2）确定锻造比。

1）使用钢锭锻造时，都应规定锻造比。一般碳素钢锻件的主体最大截面锻造比应大于 2.5；合金钢锻件应大于 3。

2）对某些锻件（包括使用钢坯锻造的锻件）的锻造比有特殊要求时，应在锻件图和合同中注明。

3）标明锻造热处理要求：锻件热处理要求如热处理的种类、冷却条件、热处理变形的矫正及其后是否需要回火等。

（3）锻件外观质量。

1）锻件的形状和尺寸，应符合锻件图的规定。

2）在锻件图上规定的加工余量、公差及余块。

3）锻件表面不应有裂纹、折叠等缺陷。局部缺陷应铲修到完全去掉为止。但铲修深度应符合以下规定：

① 在锻件需要机械加工的表面，铲修最大深度一般不超过公算单边余量的50%，如超过时，需经用户同意；

② 锻件上不需机械加工的表面，铲修深度不超过该处尺寸的负偏差，铲修处必须平滑；

③ 锻件的表面缺陷必须焊补时，需经修理技术部门同意后，按适当的工艺程序进行焊补。

C 试验方法与验收规则

试验方法与验收规则为：

（1）自由锻件要全部做外观质量检查，并应根据所属级别中规定的试验项目和附加的试验项目进行试验。

（2）试验方法和标准见表 10-13。

表 10-13 锻件试验方法和标准

实验项目	标　　准
化验分析取样	《钢的化学分析用试样采取法》（GB/T 222—2006）
化验分析	《钢铁化学分析方法》（GB 223.71—1997）、《钢铁及合金化学分析方法》（GB/T 223.74—1997）
机械性能试验	《金属拉伸试验方法》（GB 228—2021）
	《金属夏比缺口冲击试验方法》（GB/T 229—2020）
硬度试验	《金属材料　布氏硬度试验》（GB/T 231—2018）
探伤试验	按各行业探伤标准

10.2.3.2 胎模锻件和模锻件的技术条件与验收规范

胎模锻件和模锻件的技术条件相似，它们的内容表达在锻件图及有关技术文件中。对于图形表示不出的技术条件，可在图纸上用文字加以说明或在其他技术文件中用条文加以规定。

根据技术条件制定的验收规范或验收条件填写在检验卡片中并进行逐项检查。胎模锻件和模锻件一般技术条件所包含的内容大致包括以下一些方面（实际规定的条件可多可少，根据需要来决定）：

（1）锻件的材料牌号、成分和机械性能。

（2）锻件的尺寸、形状、余块、余量和公差。

（3）锻件的分模位置。

（4）模锻斜度和锻件上的圆角半径。

（5）锻件飞边及允许的错移量。

（6）锻件的热处理及热处理后的要求。

（7）锻件允许的表面缺陷。

（8）锻件的表面清理方法。

（9）缺陷的修补。

（10）重量偏差。

（11）标志等。

10.3　焊接件检验

焊接质量检验是保证焊接产品质量优良、防止废品进入装备的重要措施。通过检验可以发现焊接质量问题，找出原因，消除缺陷，使焊接质量得到保证。

正确选择焊接检验方法，能及时地发现缺陷，从而能定量、定性地评价焊接结构的质量；并通过分析缺陷，采取措施，防止缺陷的产生，使焊接检验达到预期的目的。因此了解焊接缺陷对选择焊接检验方法及对焊接的质量控制有着十分重要的意义。

焊接质量检验贯穿整个焊接过程，包括焊前、焊接过程中和焊接后检验三个阶段。

10.3.1　焊前检验

10.3.1.1　原材料检验

A　基本金属质量检验

焊接结构使用的金属种类很多，同种类的金属材料也有不同的型号。使用时，应根据金属材料的型号、出厂质量检验证明书加以鉴定。同时，还须做外部检查和抽样复核，以检查在运输过程中产生的外部缺陷和防止型号错乱。对于有严重外部缺陷的应剔除不用，对于没有出厂合格证或新使用的材料必须进行化学分析、机械性能试验及焊接性试验后才能使用。

B　焊丝质量检验

焊接碳钢和合金钢所用的焊丝其化学成分应满足标准。在使用前，每捆焊丝应对头、尾抽样进行化学成分校核、外部检查及直径测量。焊丝表面不应有氧化皮、锈、油污等缺陷。若采用化学酸洗法清除焊丝表面的污物时，应注意控制酸洗的时间，若酸洗时间过长而又立即使用时，会影响焊接质量，甚至出现裂纹。

C　焊条质量检验

焊条应具有良好的焊接性，即在说明书所推荐的工艺参数下焊接时，焊条容易起弧，电弧稳定，飞溅少，药皮熔化均匀，套筒不影响连续焊接，熔渣流动性好、覆盖均匀，脱渣容易，焊条药皮的偏心度应在公差范围之内，焊条熔敷金属的化学成分及机械性能应符合标准的要求。

D　焊剂质量检验

我国目前尚无焊剂验收的国家标准和部颁标准，因此检验焊剂时可根据出厂合格证的标准来检验。焊剂检验主要检查其颗粒度、成分、焊接性和湿度。焊剂颗粒度随焊剂的类型不同而不同，一般低硅中氟型和中硅中氟型为 $0.4 \sim 3mm$，高硅中氟型和低硅高氟型为 $0.25 \sim 2mm$。焊剂应能使电弧稳定燃烧、焊缝金属成形良好、脱渣容易、焊缝中没有气孔、裂纹等缺陷。焊剂的堆放密度对于玻璃状焊剂为 $1.4 \sim 1.6g/cm^3$，浮石状焊剂为 $0.7 \sim 0.9g/cm^3$。

10.3.1.2　焊接结构设计鉴定

为使焊接检验能顺利进行，必须对焊接结构设计进行鉴定。需要进行检验的焊接结构应具有可检验的条件，也就是应具有可探性，应具有如下的条件：

（1）有适当的探伤空间位置；

（2）有便于进行探伤的探测面；

（3）有适宜探伤的探测部位的底面。

10.3.1.3　其他工作的检查

A　焊工考核

焊接接头的质量很大程度上取决于焊工的技能。因此，焊工在担任重要的或有特殊要求的构件焊接工作时，焊前应当进行必要的考核。考核分为理论知识和实践操作技能两部分：理论知识部分是在技术常识的范围内，加入有关工艺规程、焊接设备、安全技术等知识；实践操作技能部分主要是要求焊工焊接各种焊接位置（平、立、横、仰和全位置）和各种型式（板状、管状和管板状）的试件，来确定接头的外表和内在质量及机械性能等是否合乎焊缝的设计要求。

B　能源检查

能源的质量好坏直接影响焊缝的质量。在弧焊和压焊中，焊接时的热能是由电能产生的，而气焊的热能是依靠氧气和可燃气体燃烧而产生的。因此，对能源的检验要根据不同焊接方法和所使用的能源特点来进行。

对电源的检验，主要是检验焊接电路上电源的波动程度。对气体燃料的检验，重点是检查气体的纯度及其压力的大小。例如，乙炔气中硫化氢、磷化氢的含量均应控制在 0.04% 以下，这时可用特别的试纸来测定，如硫化氢能使浸过氯化亚汞溶液的试纸变成黑色，磷化氢能使浸过含 5% 的硝酸银溶液的试纸变成深褐色或黑色。

C　焊件装配质量检查

焊前应用专用量具仔细检查焊件的坡口面角度和坡口角度、装配间隙、错边量等是否符合图纸要求，检查坡口边缘及其两侧的清理除锈工作是否符合工艺要求。

10.3.2　焊接过程的检验

10.3.2.1　焊接工艺参数的检验

焊接工艺参数是指焊接过程中所使用的焊接电流、焊接电压、焊接速度、焊条（焊丝）直径、焊接的道数、层数、焊接顺序、电源的种类及极性等物理量。焊接工艺参数的选择及执行工艺参数的正确与否对焊缝和接头质量起着决定性作用。正确的焊接工艺参数是在焊前进行焊接工艺评定后取得的。有了正确的参数，还要在焊接过程中严格执行，才能保证质量的优良和稳定。不同的焊接方法需要进行检查的焊接工艺参数不一样（见表 10-14）。

表 10-14　焊接工艺参数

焊接方法		需要进行检查的焊接工艺参数
电弧焊	手弧焊	焊条牌号、焊条直径、焊接电流、焊接道数、焊接层数、层间温度
	埋弧焊	焊丝牌号、焊丝直径、焊剂牌号、焊接电流、焊接电压、焊接速度
	氩弧焊	焊丝牌号、焊丝直径、气体流量、喷嘴直径、钨极牌号及直径、焊接电流、电源极性
气焊		焊丝牌号焊丝直径、焊嘴号码、气体纯度、火焰性质
压焊	对焊	夹头输出功率、通电时间、顶锻量、工件伸出长度、夹头夹紧力、顶锻速度
	点焊	焊接电流、通电时间、初压力、焊接压力
	缝焊	焊接电流、滚轮压力、通电时间，滚轮转速

10.3.2.2　夹具夹紧情况的检查

夹具是结构装配过程中用来固定、夹紧工件的工艺装备，它通常承受较大的载荷，同时还会受到由于热的作用而引起的附加应力的作用。故夹具应有足够的刚度、强度和精确度，在使用过程中应对其进行定期的检修和校核，检查它是否妨碍工件进行焊接，焊接后由于工件受热的作用而发生的变形是否会妨碍夹具取出。当夹具不可避免地要放在焊接处附近时，要检查其是否有防护措施，防止因焊接时的飞溅而破坏了夹具的活动部分造成夹具难以取出。还应检查夹具所放的位置是否正确，会不会因位置放置不当引起工件尺寸的偏差和因夹具重量而造成工件的歪斜。此外，还要检查夹紧是否可靠，不应因零件受热或外来的振动而使夹具松动失去夹紧能力。

10.3.2.3　结构装配质量的检查

焊接时对装配质量进行检查是保证结构焊成后符合图纸要求的重要措施。检查的内容有以下几项：

（1）按图纸检查各部分尺寸、基准线及相对位置是否正确，是否留有焊接收缩余量和机械加工余量等；

（2）检查定位焊的焊缝布置是否恰当，能否起到固定作用，是否会给焊后带来过大的内应力，并检查定位焊缝的缺陷；

（3）检查焊接处有无缺陷（如裂纹、凹陷、夹层等）。

10.3.3　焊接后的检验

全部焊接工作完毕后，应去除渣壳，将焊缝清理干净，对构件进行最后检验。检验的方法分为非破坏性和破坏性两类，如图 10-15 所示。工程装备修理过程中的焊接结构检验必须采用不破坏其原有的形状、不改变或不影响其使用性能的检测方法。

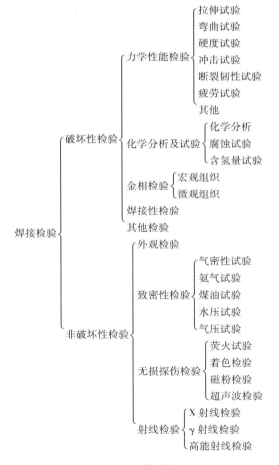

图 10-15　焊接检验方法

10.3.3.1　外观检查

用肉眼或低倍放大镜对焊缝及热影响区外表进行观察，以检查表面是否有气孔、裂纹、咬边、夹渣等缺陷，再用焊缝量规检查焊缝表面的几何尺寸，其中包括对接焊缝的余高、宽度的测量，角焊缝、角焊缝焊脚尺寸的测量等。

A　焊缝的目视检验

目视检验分为直接目视检验和间接目视检验两类。直接目视检验用于眼睛能充分接近的被检物体，直接观察和分辨缺陷形貌的场合。在检验过程中，采用适当的照明，利用反光镜调节照射角度和观察角度，或借助于低倍放大镜观察，以提高眼睛发现缺陷和分辨缺陷的能力。间接目视检验用于眼睛不能接近被检物体必须借助于望远镜、内孔管道镜、照相机等进行观察的场合。目视检验的项目见表 10-15。

表 10-15　焊缝目视检验的项目

序号	检验项目	检 验 部 位	质 量 要 求
1	清理质量	所有焊缝及其边缘	无熔渣
2	几何形状	焊缝与母材的连接处	焊缝完整不得有焊漏，连接处应圆滑过渡
3		焊缝形状和尺寸急剧变化的部位	焊缝高低、宽窄及结晶鱼鳞波应均匀变化
4	焊接缺陷	整条焊缝及热影响区附近	无裂纹、夹渣、焊瘤、烧穿等缺陷
		重点检查焊缝的接头、收弧及形状和尺寸突变的部位	气孔、咬边等应符合有关标准规定
5	伤痕补焊	装配拉肋板拆除部位	无缺肉及遗留焊疤
		母材引弧部位	无表面气孔、裂纹、夹渣、疏松等缺陷
		母材机械划伤部位	划伤部位不应有明显棱角和沟槽，伤痕深度不超过有关标准的规定

B　焊缝尺寸的检验

a　对接焊缝尺寸检验

检查对接焊缝的尺寸主要是检查焊缝的余高 E 和焊缝宽度 B，其中又以焊缝余高为主。因为，现行的一般标准只对焊缝的余高有明确定量的规定限制，而对焊缝宽度无定量规定，只要焊缝宽窄较均匀即可。

检查对接焊缝尺寸的方法是用焊接检验尺测量余高 E 和焊缝宽度 B，如图 10-16 和图 10-17 所示。

当工件存在错边时，测量焊缝的余高以表面较高一侧为基准计算，当组装工件厚度不同时，测量焊缝余高应以表面较高一侧母材为基准进行计算，或保证两侧母材呈圆滑过渡。

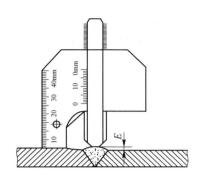
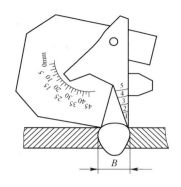

图 10-16　用焊接检验尺测量焊缝余高 E　　　图 10-17　用焊接检验尺测量焊缝宽度 B

b　角焊缝尺寸的检查

角焊缝尺寸包括计算厚度、焊脚尺寸、凸度和凹度等，如图 10-18 所示。

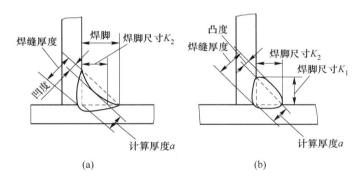

(a)　　　　　　　　　　　　　(b)

图 10-18　角焊缝尺寸

（a）凹形角焊缝；（b）凸形角焊缝

　　测量角焊缝的尺寸主要是测量焊脚尺寸 K_1、K_2 和角焊缝厚度。用焊接检验尺测量焊脚尺寸如图 10-19 所示。也可采用自制的随形样板进行测量，如图 10-20 所示。

　　多数情况下，图样只标注焊脚尺寸，当图样标注角焊缝厚度时，不但要求实物角焊缝厚度符合尺寸 α，而且还要求焊脚尺寸 $K_1 = K_2$，因为只有 $K_1 = K_2$ 时才能准确测量出 α 值。角焊缝厚度的测量方法如图 10-21 所示。

　　在检查角焊缝的凸度和凹度时要注意，更换焊条部位搭接过大，起弧点速度过慢，会产生过

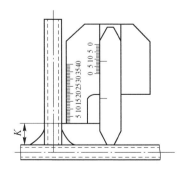

图 10-19　用焊接检验尺
测量焊脚尺寸 K

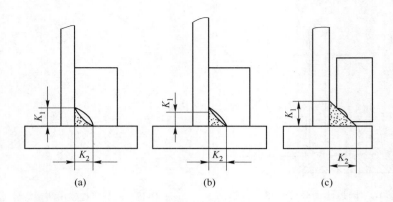

图 10-20　用样板测量焊脚尺寸 K_1、K_2

（a）K_1、K_2 符合要求；（b）K_1、K_2 尺寸偏小；（c）K_1、K_2 尺寸太大

大的凸度；搭接不上，起弧点焊接速度快，则产生凹度。若有严重的凸度和凹度，应及时修磨或补焊。

10.3.3.2　接头（焊缝）内部质量检查

接头（焊缝）的内部缺陷采用无损探伤法进行检查，其中常用的探伤方法包括着色探伤、荧光探伤、磁粉探伤、射线探伤、超声探伤等。

A　着色探伤

着色探伤的基本操作工序如图 10-22 所示。被探表面先用清洗剂洗净，烘干或晾干后喷上渗透剂（一般为红色），15 ~ 30min 后渗透剂就在毛细现象作用下渗入缺陷。清洗干净表面多余的

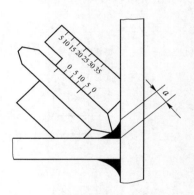

图 10-21　用焊接检验尺测量
角焊缝厚度 a

渗透剂，待干燥后再喷上显像剂（一般为白色），使残留在缺陷中的渗透液吸出，有缺陷处就显示出缺陷图像（红色）。微小缺陷的显影过程比较慢，一般按规定要等 15 ~ 30min。若喷渗透剂后没有缺陷的地方清洗不彻底，可能出现伪缺陷。如手弧焊缝边缘焊渣没有除清，渗透剂是难以洗去的，也会出现伪缺陷。所以对重要构件，焊工应把焊渣除尽，以免着色出现伪缺陷。

着色法探伤不需要大型设备，目前大多用喷罐着色探伤，使用方便，所以应用十分广泛。

B　荧光探伤

将清洁后的工件被检部位用煤油和矿物油混合成的荧光液浸涂 5 ~ 10min，使之在毛细现象作用下渗入缺陷部位，然后撒上氧化镁粉末，振动几下，使氧化镁

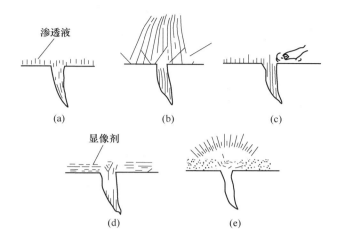

图 10-22　着色探伤基本操作过程
（a）渗透；（b）水清洗；（c）溶剂清洗；（d）显像；（e）观察

粉被缺陷中的荧光液浸透，吹除多余的氧化镁粉末。在暗室中用紫外线照射，即可发现缺陷处残留的氧化镁粉末显示出清晰的黄绿色图像。若无暗室、无荧光照射设备，也可把焊缝用煤油浸涂后擦干表面，撒上氧化钙（石灰）粉，这样也可显示缺陷，这就是煤油渗透法。

C　磁粉探伤

和渗透探伤一样，磁粉探伤是对材料近表面缺陷进行检测。

磁粉探伤是利用缺陷部位发生的漏磁吸引磁粉来进行探伤的，不过，磁粉探伤只适于磁性材料，而且它对裂纹、未焊透较灵敏，对气孔、夹渣不太灵敏。磁粉探伤仪的触头接触工件后，通电建立磁场（也可用其他方法建立磁场），如果材料没有缺陷，磁场是均匀的，磁力线均匀分布，当有缺陷（如裂纹、未焊透、夹渣）时，磁阻变化，磁力线也改变，绕过缺陷而聚集在材料表面，形成较强的漏磁场，事先撒在工件表面的磁粉就会在漏磁处堆积，从而显示缺陷的位置轮廓。

D　射线探伤（RT）

射线可分为 X 射线、γ 射线和高能射线三种。

X 射线来自 X 射线管（为高真空二极管），是高速电子撞击到阳极金属靶时产生的；γ 射线是放射性元素（工业探伤中常用的是人工放射性同位素钴、铱、铯）原子核裂变时产生的；高能射线是指能量在 10^6 eV 以上的 X 射线，是由电子感应加速器、高能直线加速器或电子回旋加速器产生的。射线探伤的物理基础是射线具有可以穿透物质，并因被物质吸收而衰减的特性。

X 射线由高速运动着的带电粒子与某种物质相撞击后猝然减速，且与该物质中的内层电子相作用而产生的。

X 射线产生的几个基本条件：

（1）产生自由电子；

（2）使电子做定向高速运动；

（3）在电子运动的路径上设置使其突然减速的障碍物；

（4）将阴阳极封闭在大于 10^{-3}Pa 的高真空中，保持两级纯洁，促使加速电子无阻地撞击到阳极靶上。

a　原理和意义

射线探伤是利用射线能穿透金属，使底片感光的原理来检验焊缝中的缺陷的（见图 10-23 和图 10-24）。

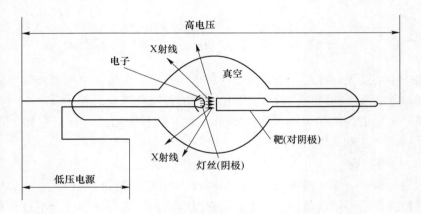

图 10-23　X 射线管的工作原理

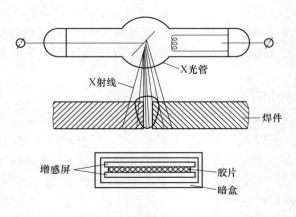

图 10-24　X 射线照相探伤

将射线源对准受检部位，使射线透过焊件照射到胶片上。焊件的厚度或组织不同，射线透过时的衰减程度也不同，胶片感光程度也不同。如焊缝内存在缺陷（比如气孔），则由于缺陷处密度比金属小，所以射线在有缺陷的地方透过的强度比没有缺陷的地方大。由于底片感光程度不同，有缺陷处显得比较黑，没有缺陷的地方就比较亮，由此可发现缺陷的位置、大小和种类。

b　焊缝质量分级

射线探伤质量检验标准，根据缺陷性质和数量将焊缝质量分为四级：

Ⅰ级：应无裂纹、未熔合、未焊透和条状夹渣；

Ⅱ级：应无裂纹、未熔合和未焊透；

Ⅲ级：应无裂纹、未熔合及双面焊或加垫板的单面焊缝中的未焊透，不加垫板的单面焊中的未焊透允许长度按条状夹渣长度Ⅲ级评定；

Ⅳ级：焊缝缺陷超过Ⅲ级者。

可以看出，Ⅰ级焊缝缺陷最少，质量最高。Ⅱ级、Ⅲ级、Ⅳ级焊缝的内部缺陷依次增多，质量逐渐下降。

c　射线探伤的优缺点

射线探伤的优点是能从底片上直接形象地判断缺陷的种类和分布；缺点是射线对操作者有危害，需要采取一定的防护措施，而且对平行于射线方向的平面形缺陷没有超声波灵敏。

d　底片上缺陷的识别

底片上缺陷的识别如图 10-25 所示。

E　超声波探伤（UT）

超声波是频率超过 20kHz 的机械振动波，具有能透入金属材料深处的特性，而且由一种介质进入另一种介质时，在界面发生反射和折射，同时在传播中被介质部分吸收，使能量发生衰减。超声波探伤就利用了超声波的上述特性。

（1）超声波的发生。磁致伸缩或电致伸缩都可产生超声波，工业探伤一般采用电致伸缩探头来发生和接收超声波。探头内的压电晶片由钛酸钡或石英片制成。晶片两面镀银形成两个电极。压电晶片可将高频电压转变为超声波，即发射超声波；也可将超声波转变为高频电压，即接收超声波。

（2）超声波探伤原理。超声波探伤通常采用的是脉冲反射式超声波探伤仪，它是由脉冲超声波发生器（高频脉冲发生器）、声电换能器（探头）、接收放大器和显示器四大部分组成。其探伤原理是：开始扫描时，高频脉冲发生器发出的电压作用于探头上的晶片，使晶片振动，产生超声波脉冲，向工件中传播时遇到底面和不同声阻抗的缺陷时，就会产生反射波。反射波被晶片接收后转变为电脉冲信号，经放大器送至示波管，在扫描线上相应缺陷和底面位置显示出缺陷脉冲和底脉冲的波形，其波幅大小表示反射的强弱。因此，由示波管荧光屏上的图

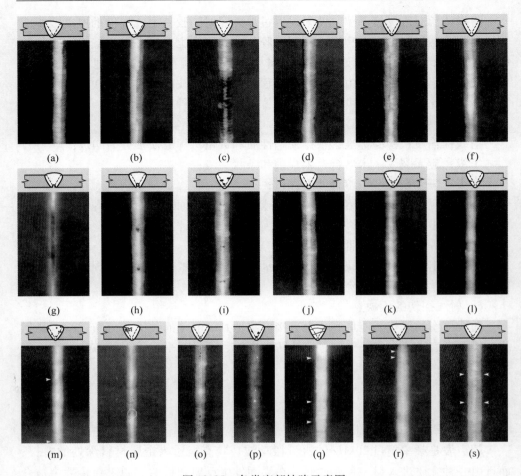

图 10-25 各类底部缺陷示意图

（a）高－低；（b）根部未熔合；（c）增强高；（d）外部咬肉；（e）内部咬肉；（f）根部焊瘤；

（g）根部凹陷；（h）烧穿；（i）单个夹渣；（j）线性夹渣；（k）内部未熔合；（l）内侧未熔合；

（m）气孔；（n）链状气孔；（o）夹珠；（p）夹钨；（q）横向裂纹；

（r）中心线裂纹；（s）根部裂纹

形，可判断工件内有无缺陷及缺陷的位置和大小。

（3）影响探伤灵敏性的因素：

1）超声波波长和频率；

2）超声波发射重复频率；

3）探伤仪的盲区；

4）工件探伤面光洁度。

（4）超声波探伤方法。超声波探伤方法分为脉冲反射法、穿透法和共振法三种。应用最多的是单探头式脉冲反射法。超声波脉冲反射法采用两种探头：直探头和斜探头。直探头用纵波垂直入射，斜探头是用横波斜射。纵波在固体、液体、气体中都能传播，而横波只能在固体中传播。横波斜探头探伤是焊缝探伤的主要方法，下面主要讨论横波探伤。

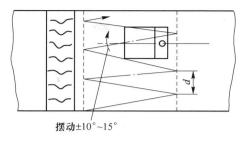

1）探头的移动方式和范围。探头的移动方式如图 10-26 所示。移动宽度按压力容器壳体厚度 T 而定。T 为 8 ~ 46mm 时移动宽度不小于 $2TK + 50$mm；T 为 46 ~ 120mm 时，则移动宽度不小于 $TK + 50$mm。K 值的选择见表 10-16。

摆动±10°~15°

图 10-26　探头移动方式

表 10-16　斜探头 K 值范围

板厚 T/mm	K 值	板厚 T/mm	K 值
8 ~ 25	3.0 ~ 2.0	>46 ~ 120	2.0 ~ 1.0
>25 ~ 46	2.5 ~ 1.5		

2）缺陷位置的确定。为确定缺陷在焊缝中的位置，必须识别缺陷波。首先用适当的标准试块（没有缺陷）标定发射波、一次底波与二次底波的位置。横波由探头进入焊件，材料发生变化，有一部分波被反射回探头，所以在显示器上出现一个脉冲波（发射波）；横波到达焊件底面时，由于横波不能在气态传播，所以几乎所有的波都以一定的反射角反射到焊件中，由于没有波返回探头，所以横波探伤在显示器上实际看不到底波。为了确定缺陷在焊件中的位置要借助工件同质同厚的标准试块用正射波法或反射波法测定假想的底波（一次底波和二次底波），方法是：使探头对着与标准试块的垂直端面由边缘起慢慢向后移动，找到底角反射波（底角处横波反射是向回反射，所以显示器上出现一次底波），然后继续向后移动探头，由于折射角度发生变化，所以一次底波又看不见了，但是工件声波入射点到试块底面的距离是不变的，也就是一次底波到发射波之间的距离能够反映工件的厚度。继续向后移动探头，找到二次底波（在另一个角，波也被返回）。换上实际工件进行测试（见图 10-27），如果工件中存在缺陷，超声波在传播中正好遇到它，那么由于缺陷物质和金属不同，就会有一部分波反射回来（当然，界面与入射波越垂直，效果越好），在显示器上出现缺陷波。这样就可以确定缺陷的位置。

① 如果缺陷在发射波和一次底波之间，那么，由于 $FG/FH = AD/AE = AB/AC = BD/CE$，所以

　a. 缺陷到探头位置的距离 $S_x = AB = AC \cdot FG/FH = h\tan\beta \cdot FG/FH$；

　b. 缺陷的深度 $Z = BD = CE \cdot FG/FH = h \cdot FG/FH$。

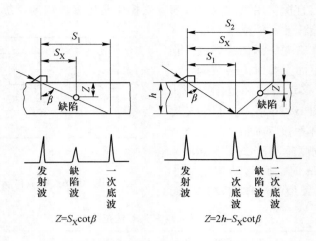

图 10-27 横波探伤时缺陷的定位

② 如果缺陷在发射波和二次底波之间，由于 $GH/FH = DC/CE = BC/AC = BD/AE$，所以

a. 缺陷到探头位置的距离 $S_X = AB = AC - BC = AC - AC \cdot GH/FH = 2h \cdot \tan\beta$ $(1 - GH/FH)$；

b. 缺陷的深度 $Z = BD = 2h \cdot GH/FH$。

上面是准确确定缺陷位置的方法，如果是粗略判断，那么，若在发射波与一次底波之间出现缺陷波，则缺陷在焊缝下半部；在一次和二次底波之间出现的缺陷波，说明缺陷在焊缝上半部。可见一次底波可探焊缝的下半部；二次底波可探焊缝的上半部。越近一次底波的缺陷波说明缺陷越靠近焊缝底部，越近二次底波的缺陷波说明缺陷越靠近焊缝表面。

3）缺陷大小的确定。缺陷大小是指缺陷对声束反射的面积。在超声波探伤中，实际测得的缺陷总是和实际缺陷的大小有出入的。缺陷的定量可采用当量法和半波高法。当量法用于缺陷反射面小于声束截面的情况，而半波高法则用于缺陷反射面大于声束截面的情况。

① 当量法。当量法是在测定缺陷之前，先做一批带有人为缺陷的试块（人为缺陷的面积和埋藏深度已知），然后测出同一深度下不同大小的人为缺陷的对应反射波高，制作某一深度下"人为缺陷面积 – 缺陷波高度"曲线，然后改变深度再测一系列这种曲线，如图 10-28 所示。当实际探伤时发现有缺陷存在，就可根据荧光屏上缺陷波的高度，从"人为缺陷面积 – 缺陷波高度"曲线查出相应的缺陷面积。

② 半波高法。半波高法是当缺陷面积大于声束截面时采用的方法，如图 10-29 所示。使用这种方法时先测出缺陷对声束全反射的高度 A，然后将探头做左右或

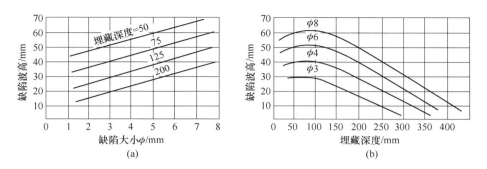

图 10-28　缺陷当量曲线

（a）"面积－高度"曲线；（b）"深度－高度"曲线

前后移动，使缺陷波的高度为 $1/2A$，波高为一半时相当于探头正对缺陷边缘，那么这时缺陷的长度 h 和探头移动的距离 b 之间的关系就是 $h = b \cdot \cot\beta$。

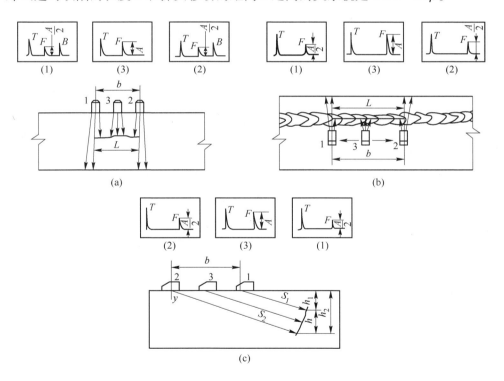

图 10-29　半高法测定缺陷大小

（a）直探头测定缺陷大小；（b）斜探头测定缺陷大小；（c）半高度法测定缺陷探头方向的大小

③ 用"距离－波幅曲线"。如果探头移动时，缺陷波高度变化很大，很难找出固定的最高反射波，而且缺陷的范围大于该处声束截面，典型的缺陷如气孔群

或夹渣群，此时应用《钢焊缝手工超声波探伤方法和探伤结果分级》（GB 11345—89），用距离－波幅曲线（见图 10-30）对缺陷定量，曲线是按所用的探头、仪器和试块实测绘制的，表示焊件的底波和各种缺陷波与探测距离之间的相对关系。曲线图由判废线 RL、定量线 SL、评定线 EL 组成。EL 与 SL 之间为 Ⅰ区，SL 与 RL 之间为 Ⅱ区，判废线以上为 Ⅲ区。

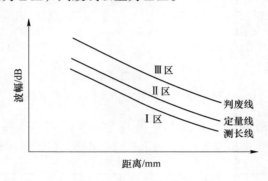

图 10-30　距离－波幅曲线示意图

④ 缺陷的评定标准如下。

第一，超过评定线的缺陷波，应判别是否具有裂纹等严重缺陷的特征。可以改度探头角度，增加探伤面或配合其他检验方法做出判定。

第二，最大反射波幅不超过评定线的缺陷及反射波幅位于 Ⅰ区的非裂纹性缺陷，均评为 Ⅰ级。

第三，最大反射波幅位于Ⅱ区的缺陷，根据缺陷的指示长度 l 评级（见表 10-17，根据质量要求，检验等级分 A、B、C 三级。A 级最低，B 级一般，C 级最高）。

表 10-17　缺陷的等级分类

评定等级	检 验 等 级		
	A	B	C
	板厚 T/mm		
	850	8300	8300
Ⅰ	$l = 2T/3$，最小 12	$l = T/3$，最小 10，最大 30	$l = T/3$，最小 10，最大 20
Ⅱ	$l = 3T/4$，最小 12	$l = 2T/3$，最小 12，最大 50	$l = T/2$，最小 10，最大 30
Ⅲ	$l = T$，最小 20	$l = 3T/4$，最小 16，最大 75	$l = 2T/3$，最小 12，最大 50
Ⅳ	超过Ⅲ级者		

注：根据质量要求，检验等级分 A、B、C 三级，A 级最低，B 级一般，C 级最高。应按产品技术条件　　由供需双方确定检验等级。

第四，最大反射波幅超过评定线的缺陷，当判定为裂纹时，不论波幅和尺寸如何，均评为Ⅳ级。反射波幅位于Ⅲ区的缺陷，不论其指示长度多少，也均评定为Ⅳ级。

压力容器纵缝中的缺陷按Ⅰ级评定；环缝中的缺陷按Ⅱ级评定，超过者评为不合格。不合格的缺陷应返修，然后再按原探伤条件复检。

4）缺陷性质的确定。图10-31给出了接头中典型缺陷的波形特征。当然，单从波形来分析缺陷性质只能是一个方面，最重要的还是根据材料的焊接性、结构的特点、施工工艺等判断容易出现哪种性质的缺陷，结合实测的结果（缺陷的位置、大小和方向等）对缺陷进行综合分析。对缺陷定性往往要有经验的人判断才行。

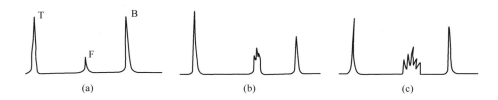

图 10-31　各种缺陷的波形特征
（a）气孔波形；（b）裂纹波形；（c）夹渣波形

（5）超声波探伤的应用与特点。超声波探伤是无损探伤技术中的一种主要检测手段。不但可用于锻件、铸件和焊件等加工产品的检测；也可用于板材、管材等原材料的检测。

超声波探伤与X射线探伤相比，其优点是：对于平面形缺陷，当声束垂直于缺陷平面时，超声波探伤比射线探伤有较高的灵敏度。而且超声波探伤周期短，对探伤人员无危害，费用较低。缺点是：不能直接记录缺陷的形状，对缺陷定性需有丰富的经验，不适于检测奥氏体铸钢件，因为粗大的树枝状奥氏体晶粒和晶间沉淀物引起的散射会影响检测的进行。

10.3.3.3　焊接容器的致密性检验

A　焊接容器的耐压检验

将水、油、气等充入容器内徐徐加压，以检查其泄漏、耐压、破坏等的试验称为耐压检验。通过耐压检验可以检查受压元件中焊接接头的穿透性缺陷和结构的强度，并具有降低焊接残余应力的作用。

a　水压试验

用水作为介质的耐压检验称为水压试验，是焊接容器中用得最多的一种耐压检验方法。

根据《压力容器安全监察规程》的规定，焊接容器水压试验的压力为

$$p_\gamma = 1.25p \tag{10-2}$$

式中　p_γ——水压试验压力，MPa；

　　　p——容器工作压力，MPa。

对壁温不小于200℃的容器，水压试验压力为

$$p'_T = p_T \frac{[\sigma]}{[\sigma]'} \tag{10-3}$$

式中　p'_T——容器壁温不小于200℃时的水压试验压力，MPa；

　　　$[\sigma]$——试验温度下材料的许用应力，MPa；

　　　$[\sigma]'$——设计温度下材料的许用应力，MPa。

当$\frac{[\sigma]}{[\sigma]'}$大于1.8时，取1.8。这个规定的原因是，高温容器（容器工作温度不小于200℃）不可能在高温下进行水压试验，而只能在常温下进行，因而试验压力应乘以温度修正系数$\frac{[\sigma]}{[\sigma]'}$，以能维持设计时预期达到的应力水平。且试验压力过高，将使材料中必然存在的微裂纹扩展，对容器的安全性不利，因此需要限制其最高值。另外，制造压力容器的几种常用钢种，当其温度即将进入持久极限时，$\frac{[\sigma]}{[\sigma]'}$约在1.8，所以以此为限值。

对于直立容器卧置试压时，其水压试验压力为

$$p_T = 1.25\frac{[\sigma]}{[\sigma]'} + \gamma'h' \tag{10-4}$$

式中　γ'——水的重度，N/m；

　　　h'——容器空积空间高度，m。

水压试验时，应遵循下列规则：

（1）对焊后需要无损检验或回火消除应力热处理的结构，水压试验应在无损检验和热处理后进行。因为，水压试验时在焊缝内部产生的应力在焊接缺陷处会造成应力集中或和焊接应力相叠加，造成结构发生脆断。

（2）水压试验时，周围环境温度应高于5℃。过低的温度使材料韧性下降，容易发生脆断。此外，环境温度应不低于空气的露点温度，以免元件和部件外表结露，结露和渗漏难以分辨，会导致不必要的误判。对于新钢种，试验温度应高于材料的脆性转变温度。

（3）水压试验时，应缓慢升压。因为当压力逐渐升高时，变形也逐渐增加，筒体也趋向于更圆。筒体中的压力就趋向于均匀。如果迅速升高压力，易使焊缝等处成形不均造成形状不连续，此处的应力较高，尚未来得及缓解形状的不连续，应力尚未得到再分布，并不断快速升高，只能使形状不连续处局部应力继续

迅速增大，结果对容器的强度造成不利的影响。

（4）水压试验时，应装设 2 只定期检验合格的压力表，压力表的量程应是试验压力的 1.5~3 倍，最好选用 2 倍的量程。

（5）水压试验的工艺过程是：将压力缓慢上升到工作压力时，就暂停升压（管子水压试验时，无须暂停升压），进行初步检查。若无漏水或异常现象，再升压到试验压力，并在试验压力下保持 5min（管子试验时，允许保持 10~20s）。然后，降至工作压力，并用 10~15kg 的圆头小锤，在距焊缝 15~20mm 处，沿焊缝方向进行轻轻敲打，仔细检查。检查时，压力应保持不变。检查结果：如受压元件金属壁和焊缝上没有水珠和水雾，则认为合格。

b　气压试验

用压缩空气作为介质的耐压检验称为气压试验。气压试验的压力为

（1）低压容器：

$$p_\gamma = 1.20p \qquad\qquad (10\text{-}5)$$

（2）中压容器：

$$p_\gamma = 1.15p \qquad\qquad (10\text{-}6)$$

式中　p_γ——气压试验时的试验压力，MPa；

　　　p——容器的工作压力，MPa。

气压试验时要注意以下几点：

（1）受检容器的主要焊缝试验前需经 X 射线探伤，检查场地四周要有可靠的安全措施。

（2）试验时，应先缓慢升压至规定试验压力的 10%，保持 10min，然后对试验焊缝进行初步检查。合格以后继续升压到规定试验压力的 50%，其后按每级为规定试验压力 10% 的级差逐渐升压到试验压力，保持 10~30min；然后再降到设计压力至少保持 10min，同时进行检查。

（3）气压试验所用气体应为干燥洁净的空气、氮气或惰性气体，气体温度不低于 15℃。

注意：气压试验具有较大的危险性，除设计图纸规定，要用气压试验代替水压试验外，不得采用气压试验。进行气压试验前，要全面复查有关技术文件，要有可靠的安全措施，并经安全部门检查，批准后方可进行；高压容器和超高压容器严禁采用气压试验。

B　焊接容器的气密性检验

将压缩空气（或氨、氟利昂、氦、卤素气体等）压入焊接容器，利用容器内、外气体的压力差检查有无泄漏的试验法称为气密性检验。常用气密性检验方法见表 10-18。

表 10-18　常用气密性检验方法

名　称	检　验　方　法
充气检查	在受压容器内部充以一定压力的气体，外部根据部位涂上肥皂水，如有气泡出现，说明该处气密性不好，有泄漏
沉水检查	将受压元件沉入水中，内部充以压缩气体，检查水中有无气泡产生，如有气泡出现，说明受压元件致密性不好，有泄漏
氨气检查	在受压元件内冲入混有 1% 氨气的压缩空气，将在 5% 硝酸水溶液中浸过的纸条或绷带贴在焊缝外部（也可贴浸过酚酞试剂的白纸条）。如有泄漏，在纸条或绷带的相应位置上，将呈现黑色斑纹（用酚酞纸时为红斑点）

C　焊接容器的密封性检验

　　焊接容器检查有无漏水、漏气和渗油、漏油等现象的试验称为密封性检验。常用密封性检验方法是煤油试验。

　　煤油试验的方法是：在焊缝一侧涂石灰水，干燥后再于焊缝另一侧涂煤油，由于煤油表面张力小，具有穿透极小空隙的能力，当焊缝有穿透性缺陷时，煤油即渗透过去，在石灰粉上出现油斑或带条。为正确地确定缺陷大小和位置，在涂上煤油后应立即观察，最初出现油斑或带条的位置即为缺陷的位置。通常，观察时间为 15 ~ 30min，在规定时间内不出现油痕即认为焊缝合格。焊缝修补时应清除煤油，以防止煤油受热着火。

11 热处理件与表面处理件检验

11.1 热处理件检验

11.1.1 热处理检验的内容

11.1.1.1 外观检验

机器零件热处理后，表面应无裂纹、腐蚀麻点、烧伤、碰伤等缺陷；采用控制气氛和真空热处理的零件表面应光亮，无氧化皮；化学热处理的零件，还必须具有较均匀的色泽，不得有严重的花斑和表面剥落现象。

外观用肉眼或低倍放大镜观察检验。对容易开裂或重要的零部件需检验裂纹，可用浸煤油喷砂、磁粉探伤、超声波探伤或染色探伤等方法，并按规定进行。

11.1.1.2 硬度检验

硬度的检验使用最广的是布氏硬度测定、洛氏硬度测定和维氏硬度测定等方法。

A　布氏硬度测定法

布氏硬度主要用于检验退火、正火、调质处理零件及铸件、锻件和型材的硬度。

a　测定方法

测定时，根据被检零件的硬度要求选用载荷 F，将钢球 D 压入被检零件的表面，保持规定的时间后，卸去载荷，然后测量压痕直径 d，如图 11-1 所示。

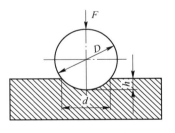

图 11-1　布氏硬度试验

布氏硬度 HB 值的公式为

$$\mathrm{HB} = \frac{F}{S} = \frac{2F}{\pi D(D - \sqrt{D^2 - d^2})} \tag{11-1}$$

式中　F——外加载荷，N；

　　　S——压痕表面积，mm^2；

　　　D——钢球直径，mm；

　　　d——压痕直径，mm。

布氏硬度的测量范围见表 11-1。

在实际工作中，可根据测出的压痕直径 d 从有关表格中直接查出 HB 值。

表 11-1　布氏硬度的测量范围

被测工件	硬度范围（HB）	试样厚度/mm	$\frac{F}{D^2}$	钢球直径 D/mm	载荷 F/kgf	载荷保持时间/s
黑色金属	140 ~ 450	3 ~ 6	30	10	3000	10
		2 ~ 4		5	750	
		<2		2.5	187.5	
	<140	>6	10	10	1000	10
		3 ~ 6		5	250	
		<3		2.5	62.5	
有色金属	>130	3 ~ 6	30	10	3000	30
		2 ~ 4		5	750	
		<2		2.5	187.5	
	36 ~ 130	6 ~ 9	10	10	1000	30
		3 ~ 6		5	250	
		<3		2.5	62.5	
	8 ~ 35	>6	2.5	10	250	60
		3 ~ 6		5	62.5	
		<3		2.5	15.6	

注：当试验条件允许时，尽量选用 10mm 钢球。

b　布氏硬度测定时应注意的事项

布氏硬度测定时应注意的事项有：

（1）按规定的周期用标准硬度块对测定载荷及钢球的精度实行综合鉴定。

（2）被测件或试样表面要求平整光洁。试样厚度至少应为压痕深度的 10 倍。

（3）被测件应放置正确，使所加载荷的作用力垂直其表面。

（4）压痕中心跟试样边缘的距离应不小于压痕直径的 2.5 倍，相邻两压痕的中心距离不得小于压痕直径的 4 倍；布氏小于 35 时，上述距离分别为压痕平均直径的 3 倍和 6 倍。

（5）试验力施加的时间为 2 ~ 8s。黑色金属试验力保持时间为 10 ~ 15s，有色金属为（30 ±2）s，布氏硬度小于 35 时为（60 ±2）s。

（6）用读数显微镜测量压痕直径 d 时，应从相互垂直的两个方向上进行，取其算术平均值作为最终测量结果。

（7）布氏硬度测定后的压痕直径必须在 $0.25D < d < 0.6D$ 的范围内，方可有效。

（8）为了说明试验条件，应在 HB 值后标注 $D/F/s$，例如 HB10/3000/10。即表示硬度值是在 $D=10\mathrm{mm}$，$F=3000\mathrm{kgf}$，$s=10$ 的条件下试验得到的 HB 值。

B　洛氏硬度测定法

洛氏硬度测定法是测定零件硬度最常用的方法，它可以直接读出硬度 HR 值。洛氏硬度测定法最常用的标尺是 HRA、HRB、HRC 三种。

a　洛氏硬度测定方法

用压头顶角为 120° 的金刚石圆锥或压头直径为 1.588mm 的钢球作测头，先后两次施加载荷（初载荷及总载荷）的条件下，根据压头压入被测零件表面压痕的深度来测量零件的硬度。

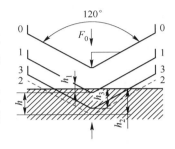

洛氏硬度具体测定方法详见《金属材料洛氏硬度试验》（GB/T 230.1—2018），现以标尺 HRC 为例（见图 11-2）。

图 11-2　洛氏硬度测定

1—1 为压头加试件初载荷（规定为 10kgf）后压入深度为 h_1 时的位置；2—2 为受到总载荷 ［初载荷 + 主载荷 = 10 + 140 = 150（kgf）］作用后压入深度为 h_2 时的位置；3—3 为卸去载荷，但保留初载荷时压头由于试件弹性变形恢复而略有提高的位置。此时，压头实际压入试件的深度为 h_3。

洛氏硬度值：主载荷所引起的实际压入深度为 h，$h=h_3-h_1$，h 越大试件硬度越低；反之，h 越小则硬度越高。习惯上常采用一个常数 K 减去 h 来表示硬度大小。

当用金刚石圆锥压头时，$K=100$；当用钢球压头时，$K=130$。

规定 0.002mm 的压入深度作为一个硬度单位即刻度 1 格。

洛氏硬度值的计算公式为

$$\mathrm{HRC}（或\ \mathrm{HRA}）=100-\frac{h_3-h_1}{0.002} \tag{11-2}$$

$$\mathrm{HRB}=130-\frac{h_3-h_1}{0.002} \tag{11-3}$$

式中　h_3——压头实际压入试件的深度，mm；

　　　　h_1——初载荷压头压入试件的深度，mm。

在实际测量时，被测试件可以从硬度计表盘上直接读出硬度值。

b　洛氏硬度的试验条件和应用范围

洛氏硬度的试验条件和应用范围见表 11-2。

c　表面洛氏硬度测定法

表面洛氏硬度测定法（轻负荷洛氏硬度法）用于测定极薄工件、金属镀层及化学热处理后的表面硬度。其测定原理和洛氏硬度测定相同。

表 11-2　洛氏硬度的试验条件和应用范围

硬度符号	压头	预载荷/kgf(N)	主载荷/kgf(N)	总载荷/kgf(N)	测量范围	应用举例
HRA	金刚石圆锥	10(98.1)	50(490.3)	60(588.4)	60～85	硬质合金、碳化物、表面淬火钢硬化薄钢板等
HRB	1/16英寸钢球	10(98.1)	90(882.6)	100(980.7)	25～100	铜合金、退火钢、铝合金、可锻铸铁等
HRC	金刚石圆锥	10(98.1)	140(1373)	150(1471)	20～67	淬火钢、冷硬铸铁、珠光体可锻铸铁、钛合金等

注：1英寸＝2.54mm。

测定条件见表 11-3。测定方法详见《金属试验　洛氏硬度试验方法》(GB/T 230.1—2009)。

表面洛氏硬度表示方法：例如 HR30N70 或 HR30T70，是指在 300N 总载荷下，用 N 标尺（T 标尺）所测得的表面洛氏硬度为 70。

表 11-3　洛氏硬度测定条件

压头类型	120°金刚石圆锥			1.588 直径钢球		
标尺符号	HR15N	HR30N	HR45N	HR15T	HR30T	HR45T
总载荷/N	150	300	450	150	300	450
适用硬度范围	68～92	39～83	25～72	70～90	35～82	7～72

d　洛氏硬度测定时应注意事项

洛氏硬度测定时应注意事项有：

（1）试件表面应平整光洁，无氧化皮、油污、裂纹、凹坑及明显加工痕迹。

（2）支承试件的工作台应保证在加载时力的作用线垂直试件表面。

（3）试件的厚度应不小于压入深度的 10 倍。

（4）压痕距试件边缘的距离 HRA、HRC 应不小于 2.5mm；HRB 应不小于 4mm，相邻压痕的中心距离应不小于压痕直径的 4 倍。

（5）HRA 测定时用 A 砝码；HRB 测定时用 A 和 B 两个砝码；HRC 测定时用 A、B、C 三个砝码。

（6）保持压头干净、光滑、无油污、无杂物。

（7）用洛氏硬度计测定圆柱形时，对测定的结果按《金属试验　洛氏硬度试验方法》(GB/T 230.1—2009) 规定进行修正（见表 11-4 和表 11-5)。

1）用洛氏硬度计测定球面时，对测定结果的修正见表 11-6。

表 11-4 在圆柱体上测定 HRC 的数值修正

HRC	圆柱形试件的直径/mm								
	6	10	13	16	19	22	25	32	38
20	6.0	4.5	3.5	2.5	2.0	1.5	1.5	1.0	1.0
25	5.5	4.0	3.0	2.5	2.0	1.5	1.0	1.0	1.0
30	5.0	3.5	2.5	2.0	1.5	1.5	1.0	1.0	0.5
35	4.0	3.0	2.0	1.5	1.5	1.0	1.0	0.5	0.5
40	3.5	2.5	2.0	1.5	1.0	1.0	1.0	0.5	0.5
45	3.0	2.0	1.5	1.0	1.0	1.0	0.5	0.5	0.5
50	2.5	2.0	1.5	1.0	1.0	0.5	0.5	0.5	0.5
55	2.0	1.5	1.0	1.0	0.5	0.5	0.5	0.5	0
60	1.5	1.0	1.0	0.5	0.5	0.5	0.5	0	0
65	1.5	1.0	1.0	0.5	0.5	0.5	0.5	0	0

注：表中范围内的其他直径和硬度值，可用插入法求得修正值。

表 11-5 在圆柱体上测定 HRB 的数值修正

HRB	圆柱形试件的直径/mm						
	6	10	13	16	19	22	25
20	11.0	7.0	5.5	4.5	4.0	3.5	3.0
30	10.0	6.5	5.0	4.5	3.5	3.0	2.5
40	9.0	6.0	4.5	4.0	3.0	2.5	2.5
50	8.0	5.5	4.0	3.5	3.0	2.5	2.0
60	7.0	5.0	3.5	3.0	2.5	2.0	2.0
70	6.0	4.0	3.0	2.5	2.0	2.0	1.5
80	5.0	3.5	2.5	2.0	1.5	1.5	1.5
90	4.0	3.0	2.0	1.5	1.5	1.5	1.0
100	3.5	2.5	1.5	1.5	1.0	1.0	0.5

注：表中范围内的其他直径和硬度值，可用插入法求得修正值。

表 11-6 在球面上测定 HRC 的数值修正

HRC	球面直径/mm								
	4	6.5	8	9.5	11	12.5	15	20	25
55	6.4	3.9	3.2	2.7	2.3	2.0	1.7	1.3	1.0
60	5.8	3.6	2.9	2.4	2.1	1.8	1.5	1.2	0.9
65	5.2	3.2	2.6	2.2	1.9	1.7	1.4	1.0	1.8

注：表中范围内的其他直径和硬度值，可用插入法求得修正值。

2）用表面洛氏硬度计测定圆柱形时，对测定结果按《金属试验　洛氏硬度试验方法》(GB/T 230.1—2009) 规定进行修正（见表 11-7）。

表 11-7　圆柱形试样表面洛氏硬度选用 N 标尺时的(HR15N、HR30N、HR45N)修正值

硬度值	圆柱形试样直径/mm					
	3.2	6.4	10	13	19	25
	修正值					
20	(6.0)	3.0	2.0	1.5	1.5	1.5
25	(5.5)	3.0	2.0	1.5	1.5	1.0
30	(5.5)	3.0	2.0	1.5	1.0	1.0
35	(5.0)	2.5	2.0	1.5	1.0	1.0
40	(4.5)	2.5	1.5	1.5	1.0	1.0
45	(4.0)	2.0	1.5	1.0	1.0	1.0
50	(3.5)	2.0	1.5	1.0	1.0	0.5
55	(3.5)	2.0	1.5	1.0	0.5	0.5
60	3.0	1.5	1.0	1.0	0.5	0.5
65	2.5	1.5	1.0	0.5	0.5	0.5
70	2.0	1.0	1.0	0.5	0.5	0.5
75	1.5	1.0	0.5	0.5	0.5	0
80	1.0	0.5	0.5	0.5	0	0
85	0.5	0.5	0.5	0.5	0	0
90	0	0	0	0	0	0

注：1. 用圆柱形试样试验时应注意丝杠、V 形工作台、压头、表面粗糙度和圆柱平直度的影响；
　　2. 括号内的修正值经协商后方可采用；
　　3. 表中未列出的直径可用线性内插法得出修正值。

（8）HRA 的测量范围为 60~85，应用于表面淬火、硬质合金等；HRB 的测量范围为 25~100，应用于有色金属合金及铸铁等；HRC 的测量范围为 20~67，应用于淬火钢、冷硬铸铁等。

C　维氏硬度测定法

维氏硬度计主要用于测定小件和薄件的硬度及零件的表面硬度，如脱碳层、氧化层、渗碳层等。

a　使用维氏硬度计测定零件表面硬度的方法

用一个顶角为 136°的正四棱锥体金刚石压头在选定的载荷作用下，压入被测试件表面，按规定保持时间 [黑色金属为 10~15s；有色金属为 (30±2)s] 后，卸除载荷，在试件表面上压出一个四方锥形的压痕，如图11-3所示。

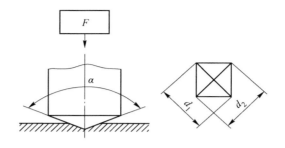

图 11-3 用维氏硬度计测定零件表面硬度

α—压头顶端的两相对面夹角；F—试验力；d—压痕两对角线 d_1 和 d_2 的算术平均值，mm

测量压痕两对角线长度平均值 d，代入式（11-4）即可求得维氏硬度 HV 值。

$$\text{HV} = 18.544 \frac{F}{d^2} (\text{N/mm}^2) \tag{11-4}$$

式中　　F——外加载荷，N；

　　　　d——压痕对角线平均长度，mm。

在实际使用中，可直接从维氏硬度计上测出其对角线的平均长度 d，然后按 d 查《金属材料　维氏硬度试验　第 1 部分：试验方法》（GB/T 4340.1—2009）有关表格，即可得出硬度值。

b　维氏硬度的表示方法

例如 HV30 – 375，表示在 300N 载荷作用下，在规定保持时间内，测得的维氏硬度值为 3750N/mm²。

c　维氏硬度测定应注意的事项

维氏硬度测定应注意的事项有：

（1）试件表面应光洁，表面粗糙度 Ra 不大于 0.2μm，且不得有油脂或污物，两面应平行。

（2）试件厚度应大于压痕深度的 10 倍（对角线平均长度的 1.5 倍），不应呈现变形痕迹。

（3）压痕间距或压痕距试件边缘的距离，对黑色金属应大于压痕对角线平均长度 d 的 2.5 倍；对有色金属应大于压痕对角线平均长度 d 的 5 倍。

（4）测定时载荷保持时间，黑色金属一般为 10～15s，有色金属为（30±2）s。

（5）当硬度大于 HV500 时，最好不采用大于 500N 的载荷，以免损伤压头。

（6）在球面或圆柱面上测定 HV 时，则应该按照《金属维氏硬度试验方法》（GB/T 4340.1—2009）有关修正系数进行修正（见表 11-8～表 11-13）。

（7）试样的最小厚度应等于 10 倍压痕深度。

表 11-8   圆柱面（凸形）维氏硬度修正系数（对角线与轴成 45°）

d/D	修正系数	d/D	修正系数	d/D	修正系数
0.009	0.995	0.071	0.960	0.139	0.925
0.017	0.990	0.081	0.955	0.149	0.920
0.026	0.985	0.909	0.950	0.159	0.915
0.035	0.980	0.100	0.945	0.169	0.910
0.044	0.975	0.109	0.940	0.179	0.905
0.053	0.970	0.119	0.935	0.189	0.900
0.062	0.965	0.129	0.930	0.200	0.895

表 11-9   圆柱面（凹形）维氏硬度修正系数（对角线与轴成 45°）

d/D	修正系数	d/D	修正系数	d/D	修正系数
0.009	1.005	0.089	1.055	0.162	1.105
0.017	1.010	0.097	1.060	0.169	1.110
0.025	1.015	0.104	1.065	0.176	1.115
0.034	1.020	0.112	1.070	0.183	1.120
0.042	1.025	0.119	1.075	0.189	1.125
0.050	1.030	0.127	1.080	0.196	1.130
0.058	1.035	0.134	1.085	0.203	1.135
0.066	1.040	0.141	1.090	0.209	1.140
0.074	1.045	0.148	1.095	0.216	1.145
0.082	1.050	0.155	1.100	0.222	1.150

表 11-10   圆柱面（凸形）维氏硬度修正系数（对角线平行于轴）

d/D	修正系数	d/D	修正系数	d/D	修正系数
0.009	0.995	0.054	0.975	0.126	0.955
0.019	0.990	0.068	0.970	0.153	0.950
0.029	0.985	0.085	0.965	0.189	0.945
0.041	0.980	0.104	0.960	0.243	0.940

表 11-11   圆柱面（凹形）维氏硬度修正系数（对角线平行于轴）

d/D	修正系数	d/D	修正系数	d/D	修正系数
0.008	1.005	0.030	1.020	0.048	1.035
0.016	1.010	0.036	1.025	0.053	1.040
0.023	1.015	0.042	1.030	0.058	1.045

续表 11-11

d/D	修正系数	d/D	修正系数	d/D	修正系数
0.063	1.050	0.090	1.085	0.111	1.120
0.067	1.055	0.093	1.090	0.113	1.125
0.071	1.060	0.097	1.095	0.116	1.130
0.076	1.065	0.100	1.100	0.119	1.135
0.079	1.070	0.103	1.105	0.120	1.140
0.083	1.075	0.105	1.110	0.123	1.145
0.087	1.080	0.108	1.115	0.125	1.150

表 11-12　球面（凸形）维氏硬度修正系数

d/D	修正系数	d/D	修正系数	d/D	修正系数
0.004	0.995	0.055	0.945	0.122	0.895
0.009	0.990	0.061	0.940	0.130	0.890
0.013	0.985	0.067	0.935	0.139	0.885
0.016	0.980	0.073	0.930	0.147	0.880
0.023	0.975	0.079	0.925	0.156	0.875
0.028	0.970	0.086	0.920	0.165	0.870
0.033	0.965	0.093	0.915	0.175	0.865
0.038	0.960	0.100	0.910	0.185	0.860
0.043	0.955	0.107	0.905	0.195	0.855
0.049	0.950	0.114	0.900	0.206	0.850

表 11-13　球面（凹形）维氏硬度修正系数

d/D	修正系数	d/D	修正系数	d/D	修正系数
0.004	1.005	0.041	1.055	0.071	1.105
0.008	1.010	0.045	1.060	0.074	1.110
0.012	1.015	0.048	1.065	0.077	1.115
0.016	1.020	0.051	1.070	0.079	1.120
0.020	1.025	0.054	1.075	0.082	1.125
0.024	1.030	0.057	1.080	0.084	1.130
0.028	1.035	0.060	1.085	0.087	1.135
0.031	1.040	0.063	1.090	0.089	1.140
0.035	1.045	0.066	1.095	0.091	1.145
0.038	1.050	0.069	1.100	0.094	1.150

D　显微硬度测定法

显微硬度测定采用金刚石正四棱锥压头直接压入被测零件表面。通常不使用 kgf 为单位的试验载荷，而是使用减小到千分之一的 gf 为单位的试验载荷。所得的压痕也只有几微米到几十微米。常用于测定合金中的不同相、表面冷作硬化、化学热处理渗层、镀层及金属箔等的硬度。

a　显微硬度计

显微硬度计有两种：一种是采用砝码直接加载荷，转动载样台将试样上的压痕移到显微镜的视野内测量；另一种是弹簧加载荷，弹簧和标尺都装在物镜内，金刚石正四棱锥压头则直接嵌装在物镜的前透镜上。这种"物镜显微硬度计"常作为大型金相显微镜的附件使用。

显微硬度值以符号 Hm 表示，其测量原理和维氏一样，故 $Hm = 1854.4 \dfrac{F}{d^2}$。

b　显微硬度测定时应注意的事项

显微硬度测定时应注意的事项有：

（1）对显微硬度计的载荷、测量显微镜和压头应定期进行校验和检查，也可用标准硬度块对其示值进行综合鉴定。

（2）试样应精制，最好采用电解或化学抛光。

（3）操作时要小心仔细，施加载荷要尽量平衡、均匀，不得有冲击和震动。

（4）压痕测量务求准确，以保证测定结果的准确度。

E　锉刀检验硬度法

锉刀检验硬度法是利用锉刀的齿来锉划被检零件表面，根据锉痕大小和深浅来判断被检零件表面的硬度。

检验硬度的锉刀，应选用双纹扁锉为 150mm 和 200mm，圆锉为 ϕ4.3mm × 175mm。每 25mm 长度内应有 50 ~ 66 齿的锉刀。锉刀是用 T12 工具钢经淬火、回火后制成的，且经标准硬度块标定其硬度范围。在使用中应经常用标准硬度块进行校对。

（1）掌握锉刀操作及判断被测件的硬度。使用锉刀检验被测件的硬度，需要有丰富经验和熟练操作技能的检验工来操作，操作时应用力均匀、平缓，凭手感来掌握姿势。

1）锉刀在被检零件表面打滑，表示其硬度大于或等于锉刀的硬度。

2）锉刀刚能锉动，锉屑少，表示其硬度接近或略低于锉刀的硬度。

3）锉刀锉较低硬度零件表面时，靠锉后阻力的大小来判断被测零件表面的硬度。

（2）使用锉刀检验硬度的优缺点：

1）优点是操作简单，工具简陋，不需要设备。

2）缺点是不太准确，因人不同差异较大，只能确定硬度范围（在 39～67HRC 的常规硬度检验），不能准确得出硬度值。

F　硬度检验应注意的事项

a　硬度检验方法的选择原则和适用范围

硬度检验方法的选择原则和适用范围：

（1）硬度低于 HBS450 的材料或工件，如退火、正火、调质件、有色金属和组织均匀性较差的材料，以及铸件、轴承合金等，应选用布氏硬度法测定。

（2）高硬度的材料和工件(HBS 大于 450)，如淬火回火钢件等，应采用洛氏硬度 HRC；对硬度特别高的材料，如碳化物、硬质合金等应选用洛氏硬度 HRA 测定。

（3）硬度值较低（HBS 在 60～230）的工件，若其表面不允许存在较大的布氏硬度压痕时，可选用 HRB 测定。

（4）对于薄形材料或工件、表面薄层硬化件及电镀层等，应选用表面洛氏硬度计或维氏硬度计测定。

（5）无法用布氏或洛氏（HRB）硬度计测定的大型工件，可用锤击式布氏硬度计测定。

b　热处理后零件检验硬度的注意事项

热处理后零件检验硬度的注意事项：

（1）测定前，应将零件清理干净，去除氧化皮、毛刺等，测量的表面粗糙度 Ra 应小于 $3.2\mu m$。测定维氏硬度的试样，其表面应精心制备，表面粗糙度 Ra 不大于 $0.32\mu m$。

（2）在球面或圆柱体上测定洛氏硬度时，必须按照《金属试验　洛氏硬度试验方法》（GB/T 230.1—2009）的规定加上修正值。

（3）检验硬度的试样，应在规定的部位测定不少于 3 点，硬度不均匀性应在要求范围内。当用锉刀检验时，必须注意锉痕的位置不能影响零件的最后精度。

c　成品零件检验硬度时的注意事项

成品零件检验硬度时的注意事项：

（1）磨加工的成品零件必须经退磁处理。如果退磁不彻底，吸附的细微铁屑将影响硬度测量的正确性。

（2）测定硬度时，尽量选用负荷较小的试验方法，以免使零件损伤。

（3）检验方式一般应与热处理后的检验方式相同。

d　使用硬度计的注意事项

使用硬度计的注意事项：

（1）硬度计每次更换压头、试台和支座后，或进行大批试验前，应按照各类硬度计的检定规程进行检查。

（2）测定硬度前，应先检验硬度计运转是否正常，并用与试样硬度值相近的二等标准硬度块对硬度计进行校核。

（3）试样的试验面、支承面、试台表面和压头表面应清洁。试样应稳固地放在试台上，保证在试验过程中不产生位移和变形；应根据试样的形状和尺寸采用不同类型的支承台，如图 11-4 所示。

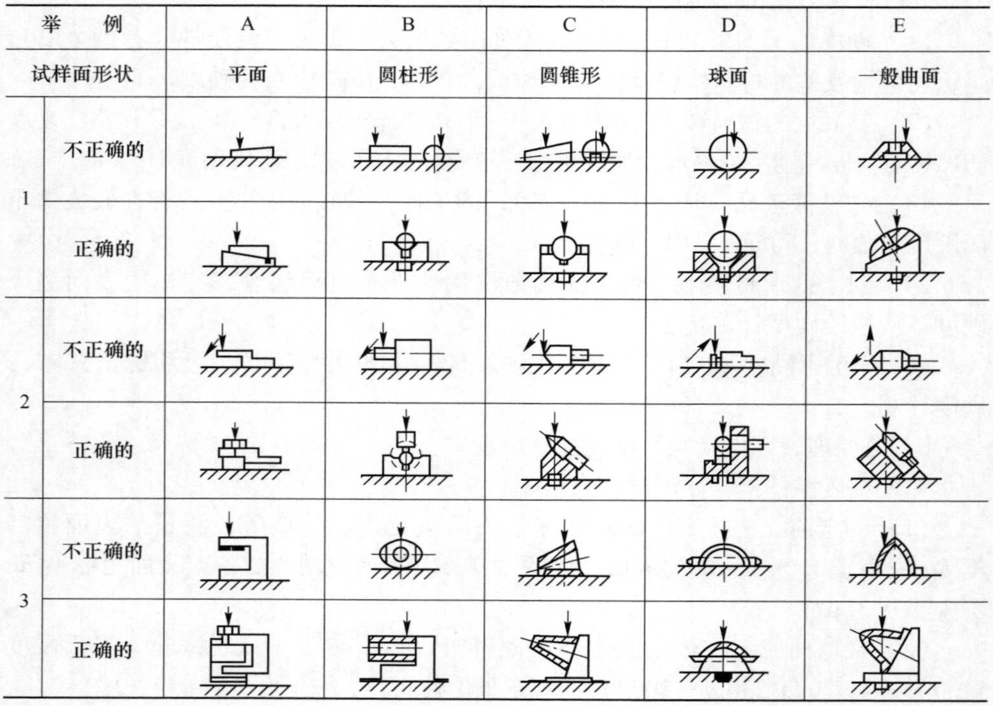

举　　例		A	B	C	D	E
试样面形状		平面	圆柱形	圆锥形	球面	一般曲面
1	不正确的					
	正确的					
2	不正确的					
	正确的					
3	不正确的					
	正确的					

图 11-4　不同试样面形状的检验方法

（4）在任何情况下，都不能使压头与试台直接触碰。试验时，当试样将与压头接触时，应均匀缓慢地进行，以免试样与压头冲撞。试样支承面、支座和试台工作面上均不得有压痕痕迹。

（5）在试验过程中，必须保证负荷作用力与试样的试验面垂直，试验仪器不应受到任何冲击和震动。

（6）试验应在（20±10）℃的温度下进行。在不能满足这一规定时，温度允许有不大的变动，但必须在试验记录中注明。

（7）每次更换压头或试台后，最初两次的试验结果无效。

（8）硬度计和压头应符合有关国家标准和部颁标准的要求。

11.1.1.3　变形检验

常用的检验变形的方法如下：

（1）轴类零件用顶尖或 V 形铁支撑两端，用百分表测量最大的径向跳动量，细小的轴类可在平台上用塞尺检验。

（2）套、环类零件用百分表、游标卡尺，内径百分表、塞规、螺纹塞规等检验外圆、内孔等尺寸。

（3）板类零件在检验平台上用塞尺检验其不平度或用刀口尺、百分表检验。

（4）齿轮、凸轮等零件应采用专用量具或仪器设备检验。

11.1.2 热处理零件的成品检验

11.1.2.1 正火、退火件的检验

（1）外观检验。一般目测检验外观不允许有裂纹、烧伤和严重变形等，必要时进行探伤检验。

（2）硬度检验。一般用布氏硬度计测定，方法按《金属材料 布氏硬度试验》（GB/T 231.1—2009）执行。硬度允许范围差值见表 11-14。

表 11-14 正火、退火件硬度允许范围差值

工艺类型	级别	硬度误差范围值					
		单件			同一批件		
		HBS	HV	HRB	HBS	HV	HRB
正火	A	25	25	4	50	50	8
	B	35	35	6	70	70	12
完全退火	—	35	35	6	70	70	12
不完全退火	—	35	35	6	70	70	12
等温退火	—	30	30	5	60	60	10
球化退火	—	25	25	4	50	50	8

注：1. 表中 HBS、HV 及 HRB 数值是根据所用各种硬度试验机实测的，彼此之间没有直接的换算关系。

2. 大型工件的硬度误差可按照图样规定执行。此外，应由供需双方协商决定。

3. 单件硬度误差是指抽检单件时表面硬度值的不均匀度；同一批件硬度误差是指同一批材料在同一热处理条件下的工件表面硬度值的偏差范围。

4. A 级主要适用于冷变形加工（指冷轧、冷拔、冷锻等冷变形加工）用钢材，B 级适用于一般切削加工钢材。

（3）变形量的检验。变形量不得超出工艺文件的规定。重要零件需校直者，在校直后应作消除应力处理。

11.1.2.2 淬火、回火件的检验

（1）外观检验。常用目测检验，不允许有裂纹、碰伤、锈蚀等现象；必要时要进行探伤检验、酸蚀试验。酸蚀试验按《钢的低倍组织及缺陷酸蚀试验法》

（GB/T 226—2015）执行。

（2）硬度检验。一般零件淬火后抽检，回火后再复检，检验部位按工艺文件规定。硬度允差范围见表 11-15。

表 11-15　淬火、回火件硬度允差范围（HBS）

淬回火件的类型	表面硬度波动范围（HBS）				表面硬度波动范围（HRC）						表面硬度波动范围（HV）					
	单件		同一批件		单件			同一批件			单件			同一批件		
	<330	330~450	>330	330~450	<35	35~50	>50	<35	35~50	>50	<350	350~500	>500	<350	350~500	>500
特殊重要件	20	25	30	45	3	3	3	5	5	5	25	35	60	40	55	100
重要件	30	35	45	55	4	4	4	7	7	7	30	45	80	50	80	120
一般件	40	50	60	80	6	5	5	9	7	7	45	70	120	70	90	150

注：单件表面硬度误差是指随机抽查单件时硬度值的不均匀度。

1）布氏硬度试验按《金属材料　布氏硬度试验》（GB/T 231.1—2009）执行。

2）洛氏硬度试验按《金属试验　洛氏硬度试验方法》（GB/T 231.1—2009）执行。

3）维氏硬度试验按《金属材料　维氏硬度试验》（GB/T 4340.1—2009）执行。

4）硬度试验部位应符合工艺文件规定。对局部淬火，应避免在淬火区与未淬火区的交界部位测定硬度。

同一批零件表面硬度误差是指用同一批材料在同一淬火回火条件下的零件表面硬度值的偏差范围。

（3）热处理件变形量检验。淬火变形允许范围见表 11-16 ~ 表 11-21。

表 11-16　淬火变形允许范围　　　　　　　　　　　　（mm）

类型	每米允许弯曲的最大值	备　注
1 类	0.5	以成品为主
2 类	5	以毛坯为主
3 类	不要求	成品或毛坯

注：1. 1 类：成品原样使用或者只进行研磨或部分磨削；2 类：毛坯进行切削加工或部分切削加工；3 类：除 1 类和 2 类以外的工件。

2. 表中允许弯曲的最大值是指淬回火件经矫正后的值。

表 11-17　零件变形允许范围表（长 + 宽）　　（mm）

零件长度	零件宽度					
	≤100			101 ~ 200		
	每边留量	淬硬前变形	淬硬后变形	每边留量	淬硬前变形	淬硬后变形
≤300	0.30 ~ 0.40	≤0.1	≤0.20	0.40 ~ 0.50	≤0.15	≤0.30
301 ~ 1000	0.40 ~ 0.50	≤0.15	≤0.30	0.50 ~ 0.70	≤0.20	≤0.40
1001 ~ 2000	0.50 ~ 0.70	≤0.20	≤0.40	0.60 ~ 0.80	≤0.25	≤0.50

表 11-18　零件变形允许范围表（直径）　　（mm）

变　形	直　径		
	≤0.30	31 ~ 50	51 ~ 90
键侧双边留量	0.30	0.40	0.50
淬硬前的振摆	0.05	0.08	0.10
淬硬后的振摆	0.10	0.15	0.20

注：振摆仅指花键部分，其余部分仍按一般轴类件考虑。

表 11-19　零件变形允许范围表（模数）　　（mm）

变　形	模　数		
	≤3	3 ~ 4.5	>4.5
蜗线双边留量	0.30 ~ 0.40	0.40 ~ 0.50	0.50 ~ 0.60
淬硬前的振摆（不大于）	0.07	0.1	0.12
淬硬后的振摆（不大于）	0.15	0.2	0.25

表 11-20　零件变形允许范围表（轴长度）　　（mm）

直径		轴　长　度										
		≤50	51 ~ 100	101 ~ 200	201 ~ 300	301 ~ 450	451 ~ 600	601 ~ 800	801 ~ 1000	1001 ~ 1300	1301 ~ 1600	1601 ~ 2000
≤5	留量	0.35 ~ 0.45	0.45 ~ 0.55	0.55 ~ 0.65								
	变形	0.17	0.22	0.27								
6 ~ 10	留量	0.30 ~ 0.40	0.40 ~ 0.50	0.50 ~ 0.60	0.55 ~ 0.65							
	变形	0.15	0.20	0.25	0.27							
11 ~ 20	留量	0.25 ~ 0.35	0.30 ~ 0.40	0.40 ~ 0.50	0.50 ~ 0.60	0.55 ~ 0.65						
	变形	0.12	0.17	0.22	0.25	0.27						

续表 11-20

直径		轴 长 度										
		≤50	51~100	101~200	201~300	301~450	451~600	601~800	801~1000	1001~1300	1301~1600	1601~2000
21~30	留量	0.25~0.35	0.30~0.40	0.35~0.45	0.40~0.50	0.45~0.55	0.50~0.60	0.55~0.65				
	变形	0.15	0.15	0.17	0.20	0.22	0.25	0.27				
31~50	留量	0.25~0.35	0.35~0.45	0.35~0.45	0.35~0.45	0.40~0.50	0.45~0.55	0.50~0.60	0.60~0.65	0.75~0.80		
	变形	0.17	0.17	0.17	0.17	0.20	0.20	0.22	0.25	0.30		
51~80	留量	0.30~0.40	0.40~0.50	0.40~0.50	0.40~0.50	0.40~0.50	0.40~0.50	0.50~0.60	0.60~0.65	0.75~0.80	0.80~0.95	0.95~1.20
	变形	0.20	0.20	0.20	0.20	0.20	0.20	0.25	0.27	0.30	0.35	0.42
81~120	留量	0.50~0.60	0.50~0.60	0.50~0.60	0.50~0.60	0.50~0.60	0.50~0.60	0.60~0.70	0.65~0.75	0.75~0.85	0.85~1.00	1.05~1.30
	变形	0.25	0.25	0.25	0.25	0.25	0.25	0.30	0.32	0.32	0.37	0.42
121~180	留量	0.60~0.70	0.60~0.70	0.60~0.70	0.60~0.70	0.60~0.70	0.70~0.80	0.70~0.80	0.80~0.95	0.95~1.00	1.00~1.20	1.20~1.40
	变形	0.30	0.30	0.30	0.20	0.30						
181~260	留量	0.70~0.90	0.70~0.90	0.70~0.90	0.70~0.90							
	变形	0.35	0.35	0.35	0.35							

表 11-21 零件变形允许范围（内孔直径＋壁厚） （mm）

内孔直径	壁厚	变形	套 的 高 度					
			≤100		101~250		251~500	
			内孔	外径	内孔	外径	内孔	外径
≤30	>5	直径上的留量	0.20~0.30	0.40~0.50	0.30~0.40	0.40~0.50	0.40~0.50	0.50~0.60
		直径上的变形	0.10	0.20	0.15	0.20	0.20	0.25
	≤5	直径上的留量	0.30~0.40	0.40~0.50	0.40~0.50	0.50~0.60	0.50~0.60	0.60~0.70
		直径上的变形	0.15	0.20	0.20	0.25	0.25	0.30
31~50	>5	直径上的留量	0.30~0.40	0.40~0.50	0.40~0.50	0.50~0.60	0.50~0.60	0.60~0.70
		直径上的变形	0.15	0.20	0.20	0.25	0.25	0.30
	≤5	直径上的留量	0.40~0.50	0.50~0.60	0.50~0.60	0.60~0.70	0.60~0.70	0.70~0.80
		直径上的变形	0.20	0.25	0.25	0.30	0.30	0.35

内孔直径	壁厚	变形	套 的 高 度					
			≤100		101～250		251～500	
			内孔	外径	内孔	外径	内孔	外径
51～80	>6	直径上的留量	0.40～0.50	0.50～0.60	0.50～0.60	0.60～0.70	0.50～0.60	0.70～0.80
		直径上的变形	0.20	0.25	0.25	0.30	0.25	0.35
	≤6	直径上的留量	0.50～0.60	0.60～0.70	0.50～0.60	0.60～0.70	0.60～0.70	0.70～0.80
		直径上的变形	0.25	0.30	0.25	0.30	0.30	0.35
81～120	>12	直径上的留量	0.50～0.70	0.60～0.80	0.50～0.60	0.60～0.80	0.60～0.80	0.70～0.90
		直径上的变形	0.25	0.30	0.25	0.30	0.30	0.35
	6～12	直径上的留量	0.60～0.80	0.70～0.90	0.60～0.80	0.70～0.90	0.70～0.90	0.80～1.00
		直径上的变形	0.30	0.35	0.30	0.35	0.35	0.40
	≤6	直径上的留量	0.70～0.90	0.80～1.00	0.70～0.90	0.80～1.00	0.80～1.00	0.90～1.10
		直径上的变形	0.35	0.40	0.35	0.40	0.40	0.45
120～180	>14	直径上的留量	0.60～0.80	0.70～0.90	0.60～0.80	0.70～0.90	0.70～0.90	0.80～1.00
		直径上的变形	0.30	0.35	0.30	0.35	0.35	0.40
	8～14	直径上的留量	0.70～0.90	0.80～1.00	0.70～0.90	0.80～1.00	0.80～1.00	0.90～1.10
		直径上的变形	0.35	0.40	0.35	0.40	0.40	0.45
	≤8	直径上的留量	0.80～1.00	0.90～1.10	0.80～1.00	0.90～1.10	0.90～1.10	1.00～1.20
		直径上的变形	0.40	0.45	0.40	0.45	0.45	0.50
180	>18	直径上的留量	0.70～0.90	0.80～1.00	0.70～0.90	0.80～1.00	0.90～1.10	1.00～1.20
		直径上的变形	0.35	0.40	0.35	0.40	0.45	0.50
	10～18	直径上的留量	0.80～1.00	0.90～1.10	0.80～1.00	0.90～1.10	1.00～1.20	1.00～1.30
		直径上的变形	0.40	0.45	0.40	0.45	0.55	0.55
	≤10	直径上的留量	0.90～1.10	0.90～1.10	0.90～1.10	1.10～1.20	1.00～1.30	1.20～1.40
		直径上的变形	0.45	0.50	0.45	0.55	0.55	0.60

注：1. 变形量是指淬火后的最大尺寸与名义尺寸之差。

2. 套的截面变化很大时，应按表中规定适当增加20%～30%。

3. 碳素钢的加留量应取上限，其变形量也允许随之增大。

4. 套的内孔大于80mm的薄壁零件，粗加工后，经正火处理，以消除应力和减少变形。

11.1.2.3　渗碳、碳氮共渗件的检验

A　外观检验

一般进行目测检验，零件不得有裂纹、碰伤，表面不得有锈蚀；必要时进行探伤检验和酸蚀试验。酸蚀试验按《钢的低倍组织及缺陷酸蚀试验法》（GB/T

226—2015）执行。

B　硬度检验

硬度试验包括表面、心部和防渗层三部分。渗层表面和防渗层表面一般进行表面洛氏硬度试验或维氏硬度试验。表面洛氏硬度试验按《金属表面洛氏硬度试验方法》（GB/T 231.1—2009）进行。维氏硬度试验按《金属维氏硬度试验方法》（GB/T 4340.1—2009）进行。

心部硬度试验一般按洛氏或布氏硬度检验。

留有磨削余量的渗碳、碳氮共渗件，在测定渗层表面硬度时，需将余量磨削后再进行测量。

C　有效硬化层深度测定

所谓有效硬化层深度是指渗碳或碳氮共渗零件经淬火回火处理后，从表面至硬度为 HV550（在 10N 力负荷下测量）处的垂直距离。

大于 0.3mm 的钢制件表面总硬度层深度或有效硬化层深度测定按 GB/T 9450—2005 的规定进行。小于或等于 0.3mm 的钢制件，其硬化层按 GB/T 9451—2005 的规定执行。

D　表面碳氮浓度测定

处理后渗碳层或碳氮共渗层表面的碳含量应为 0.8%～1.0%，碳氮共渗层的氮含量应为 0.1%～0.4%。

脱碳层深度按《钢的脱碳层深度测定法》（GB/T 224—2008）的规定检验。表面碳、氮浓度可用剥层法或其他等效方法测定。碳含量可按《钢铁及其合金中碳量的测定》（GB/T 223.1—1981）的规定测定。

E　渗层深度检验

渗碳层或碳氮共渗层的深度，可用磨面蚀显法测量。此测量法只需对试样简单磨制抛光，用 4% 硝酸酒精溶液浸蚀，清洗吹干后，就可用肉眼或低倍放大镜观察。此时磨面的表层较白亮，往里则色变暗，接着又转浅，直至心部不再改变。根据磨面色泽的变化即可测量渗层深度。

11.1.2.4　渗氮、氮碳共渗件的检验

A　外观检验

外观不得有碰伤、油污、剥落、斑点、烧伤、裂纹和锈蚀。工件的色泽应均匀，钢铁零件渗氮表面应为银灰色或暗灰色，钛及钛合金零件应为金黄色，不可出现严重的氧化色或其他非正常颜色。表面不允许有肉眼可见的疏松。疏松按《钢铁零件　渗氮层深度测定和金相组织检验》（GB/T 11354—2005）检验，共分五级。一般零件 1～3 级为合格。重要零件 1～2 级为合格。

B　原始组织的检验

工件渗氮前必须以供渗氮用的试样或工件对它进行回火索氏体的级别进行检

验。按回火索氏体中游离铁素体数量分为 5 级。1 级为均匀细针状回火索氏体，游离铁素体为极少量；2 级为均匀细针状回火索氏体，游离铁素体量小于 5%；3 级为细针状回火索氏体，游离素体量小于 15%；4 级为细针状回火索氏体，游离素体量小于 25%；5 级为正火索氏体，游离铁素体量大于 25%。

原始组织在渗氮处理之前用显微镜放大 500 倍进行检查。一般零件 1~3 级为合格，重要零件 1~2 级为合格。

渗氮零件的工作面不允许有脱碳层或粗大的回火索氏体组织。

C　硬度检验

检验方法同 11.1.2.3 节"渗碳、碳氮共渗件的检验"中的"硬度检验"。但当渗层深度 0.1mm 时，按《金属材料　维氏硬度试验》（GB/T 4340.1—2009）执行。

渗氮处理后工件应达到工艺要求的硬度，单件渗氮层硬度偏差不得超过 80HV，同一批件的渗氮层硬度偏差不得超过 140HV。

D　渗层深度的检验

渗层深度的检验一般用与零件的材料、处理条件、加工精度相同，并经同炉渗氮处理的试样，有争议时，可在零件上检验，深度测量按照国标《钢铁零件渗氮层深度测定和金相组织检验》（GB/T 11354—2005）的规定。

（1）硬度法：采用维氏硬度，试验力采用 0.3kgf，从试样表面测至比基体维氏硬度值高 50HV 处的垂直距离为渗氮层深度。以在 3 倍左右渗氮层深度的距离处测得的硬度值（至少取 3 点平均值）作为实测的基体硬度值。对于渗氮层硬度变化很平缓的钢件，其渗氮层可从试样表面沿垂直方向测至比基体维氏硬度值高 30HV 处。测量步骤和结果表示按《钢件渗碳淬火硬化层深度的测定和校核》（GB/T 9450—2005）和《钢件薄表面总硬化层深度或有效硬化层深度的测定》（GB/T 9451—2005）标准进行。

（2）金相法：试样在放大 100 倍或 200 倍的显微镜下，从试样表面沿垂直方向测至与基体组织有明显的分界处的距离，即为渗氮层深度。当用金相法不易辨认正确时，可用 100g 负荷的显微硬度计仲裁，从试样表面沿垂直方向心部测量，38CrMoAl 钢测至高于心部硬度 HV50 处，其他合金结构钢测至高于心部硬度 HV30 处的距离作为渗层深度。

（3）断口快速检验法：即将具有凹槽的试样渗氮后打断，用 25 倍带刻度的放大镜观测。渗氮层组织呈瓷状，心部未渗氮处组织粗而韧，两者差别明显，可直接测出深度。但测量误差较大，只能作为参考之用。

E　渗氮层脆性的检验

依据《钢铁零件渗氮深度测定和金相组织检验标准》（GB/T 11354—2005），渗氮层脆性级别按维氏硬度压痕边角碎裂程度分为 5 级。检验渗氮层脆性采用维氏硬度计，试验力用 98N，加载必须缓慢（在 5 ~ 9s 内完成），加载后停留 5 ~ 10s，然后去载荷，维氏硬度压痕在放大 100 倍下进行检验。每件至少测 3 点，其中两点以上处于相同级别时，才能定级，否则需重测一次。

渗氮层脆性应在零件工作部位或随炉试样的表面上检验，一般零件 1 ~ 3 级为合格，重要零件 1 ~ 2 级为合格，经气体渗氮的零件必须进行脆性检验。

F　渗氮层疏松检验

依据《钢铁零件渗氮深度测定和金相组织检验标准》（GB/T 11354—2005），渗氮层疏松级别按表面化合物层内微孔的形状、数量、密集程度分为 5 级。渗氮层疏松在显微镜下放大 500 倍进行检验，取其最严重的部位进行评级，一般零件 1 ~ 3 级为合格，重要零件 1 ~ 2 级为合格，氮碳共渗处理的零件，必须进行疏松检验。

G　氮碳共渗件的表面硬度及渗层深度检验

处理后的不同材料工件的表面硬度和渗层深度应符合表 11-22 的规定。

表 11-22　氮碳共渗件的表面硬度及渗层深度检验表

序号	材 料 类 别		表面硬度 HV0.1（不小于）	渗层深度/mm	
				化合物层	扩散层（不小于）
1	碳素结构钢		480	0.008 ~ 0.025	0.20
2	合金结构钢	不含铝	550	0.008 ~ 0.025	0.15
		含铝	800	0.006 ~ 0.020	0.15
3	合金工具钢		700	0.003 ~ 0.015	0.10
4	球墨铸铁及合金铸铁		550	0.005 ~ 0.020	0.10
5	灰铸铁		500	0.005 ~ 0.020	0.10

H　耐蚀性的检验

防蚀渗氮的钢铁应检查 ε 相厚度和防蚀性能。ε 相厚度采用金相法测定，将试样抛光腐蚀后，用放大 100 倍的金相显微镜测量。表层的 ε 相应完整、连续、厚度均匀。

耐蚀性检查是将零件（或试样）浸入 6% ~ 10% 硫酸铜水溶液中保持 1 ~ 2min，肉眼检查表面有无铜的沉淀，如无沉淀则为合格；或浸入 10g 赤白盐和 50g 氯化钠溶于 1L 蒸馏水的溶液中 1 ~ 2min，表面若无蓝色印迹者为合格。

I　局部防渗的检验

用肉眼观察防渗部位渗氮后仍应保持原有金属光泽，无渗氮色，如发现有渗氮色则应检验硬度。硬度增高程度以不影响切削加工或不超过工艺文件的规定为合格。

11.2 表面处理件检验

表面处理的目的是利用各种物理、化学或机械的工艺过程改变基材的表面状态、化学成分、组织结构或形成特殊的表面覆盖层，以优化材料表面，获得原基材表面所不具备的某些性能，达到特定条件对产品表面性能的要求。它最突出的优点是无须整体改变材质而能够获得原基材表面所不具备的某些特殊性能。

表面处理件检验的目的是通过各种技术手段获得相应的技术数据，从而判定表面性能是否达到了规定的处理标准要求。

表面处理件的检验包括表面处理前检验、工序间检验和产品最终检验三个阶段，以保证处理件的质量符合设计规定的要求。根据表面处理件表面覆盖层及其质量要求的不同，检验的内容和检验方法也相应地有所不同。进行表面处理件检验和质量判定时，必须准确把握处理件的处理工艺方法和用途，从而保证检验目标的实现。

11.2.1 表面处理的基本分类

理解并掌握表面处理的各种不同分类和表面层的用途，对表面处理件的检验和质量判定具有现实的指导意义。按表面层材料种类分类如下。

（1）暂时性覆盖层：在基体表面涂敷防锈油、防锈脂、防锈液、可剥性塑料、防锈纸等，起临时性保护基体作用的覆层。

（2）无覆盖层：基体表面经过化学预处理、精整或热加工硬化，仅改变表面应力或组织状态，不改变基体表面成分。

（3）金属覆盖层：用电镀、金属喷涂、表面合金化或热浸、包覆、气相沉积等方法，在基体表面覆以薄层金属、合金或金属基复合材料等。

（4）化学或电化学转化膜覆盖层：如钢、锌、铝、镁、钛等金属表面经化学或电化学处理产生的金属化合物覆盖层，主要有氧化物、磷酸盐、铬酸盐等覆层。

（5）无机覆层：在基体表面涂覆玻璃搪瓷、水泥、陶瓷、珐琅、金刚石、催化剂等无机材料。

（6）有机表面处理覆盖层：在基体表面覆以有机材料，主要是涂料、塑料、橡胶黏附等。

11.2.2 表面处理前对零件的质量要求及检验

表面预处理的目的在于增强保护层的附着力、保证防护层的效果，为后续工序处理的顺利进行创造条件。预处理的质量必须达到规定的要求。

11.2.2.1　零件基体在表面预处理前应达到的质量要求

零件的表面处理有它本身的特点，因此在零件表面预处理前要对零件进行严格的检验把关，不能将其他专业解决的问题带到表面处理过程中去，否则会严重影响表面处理的质量和效果，并会成倍地增加质量成本。一般情况下，对零件表面有如下要求。

（1）零件的装配特性必须达到要求，不能在进入表面预处理后再进行修整、焊接。

（2）零件表面不允许有锈蚀、毛刺、麻点、裂纹、划伤、碰伤、氧化皮、凹坑、切屑和尘垢等缺陷。

（3）零件表面应无明显的防锈油、防锈脂、压延油等油垢。

（4）经焊接的零件，焊缝处应打磨平整，不准有夹渣、裂纹、气孔、夹杂物和氧化皮等。

（5）铸件表面应无型砂。

（6）对镀铬的零件，表面粗糙度应低于 $1.25\mu m$。

（7）对带有螺纹、沟槽、盲孔、键槽等的零件，必须将杂物清理干净。

（8）车身等薄板件、外观件应无明显的碰伤、瘪陷、凸包及变形等缺陷。

11.2.2.2　零件表面清洁度的要求

表面清洁度是指经除油、除锈、去氧化皮及其他腐蚀产物、去旧漆膜，甚至包括磨光与抛光等工艺处理后，获得所需表面的洁净程度。

对工件表面清洁度的一般要求为：彻底去除油污、彻底去除工件表面的杂物，使工件表面变成亲水表面。

11.2.3　表面处理层的外观检验及质量要求

表面处理件都有装饰、防腐蚀等外观特性要求，因此表面处理件的外观检验判定是表面处理层质量检验的基础。只有在外观质量合格后，才会进行进一步的质量性能检验判定。一部分不合格外观质量缺陷可通过修整修补加以去除，从而达到外观质量合乎要求。

11.2.3.1　表面处理层外观检验的一般内容

表面处理层外观检验的一般内容如下。

（1）表面缺陷：处理层表面的气泡、麻点、针孔和缩孔、斑点与斑纹、颗粒、色差、膜层脱落与缺膜、漏涂、烧焦等肉眼可见的质量缺陷。

（2）粗糙度：表面处理层表面平整及光洁的程度。

（3）光泽度：表面处理层表面的光洁性。

（4）覆盖性：按要求所制备的表面处理层是否全部覆盖应覆盖的基体。

（5）色泽：应达到设计要求所需的色泽，这对装饰性表面处理层尤为重要。

11.2.3.2 表面处理层的外观检验质量要求

外观质量检验用肉眼在日光灯或自然光下进行。进行表面处理层外观检验时，首先，要将表面处理层用清洁软布或棉纱揩去污物或用压缩空气吹干净。其次，检验要全面、细微。此外，检验要依据有关标准或技术要求。对于小型零件一般采用抽检的方式，对于车身等大型零件一般采用 100% 专检的方式进行检验把关。一般说来，不管是何种表面处理层，若有下列缺陷则是不允许的。

（1）明显的气孔、气泡、堆流和起皱现象。

（2）主要表面上存在麻点、灰渣、污浊及表面处理层明显不均匀。

（3）有严重的脱落、磨损、发黏、漏涂。

（4）装饰性表面处理层色泽及均匀性严重不符合标准。

11.2.4 表面处理层性能的检验

表面处理工件质量检验的共性内容主要有：（1）表面特性；（2）厚度；（3）耐蚀性；（4）耐磨性；（5）密度及孔隙率；（6）硬度；（7）结合强度或附着力。

其检验目的和主要检验方法见表 11-23。

表 11-23 表面处理工件质量检验的主要内容、目的和主要检验方法

序号	项目	检验目的	检验内容	主要检验方法
1	表面特性	表面特性是否达到要求	表面光泽、橘皮、色差等特性	光泽仪、橘皮仪、色差仪等
			表面粗糙度	粗糙度仪
2	厚度	厚度是否达到设计要求	最小厚度、平均厚度	无损检验
			均匀性	金相检验、工具显微镜
3	硬度	覆盖层的硬度是否达到规定要求	宏观硬度	硬度计
			微观硬度	金相法
4	结合强度（或附着力）	覆盖层的自身及与基体的集合强度是否达到规定要求	抗拉、抗压、抗弯、剪切强度	拉伸、压缩、弯曲、剪切试验
			附着力	杯突试验、栅格实验等
5	耐蚀性	在使用介质中是否达到规定的耐蚀要求	表面处理层电位	电位测定
			表面处理层在腐蚀介质中的腐蚀速率	中性盐雾试验
			抗大气及介质浸渍腐蚀性	铜盐加速腐蚀试验、浸泡试验
6	耐磨性	在特定条件下是否达到规定的耐磨性要求	绝对磨损量和相对磨损性	磨损试验机
7	密度及孔隙率	覆盖层的致密性是否达到规定要求	密度和孔隙率	直接称重法、浮力法、金相法

11.2.4.1　表面处理层表面光亮度的检验

A　目测法

对表面处理层光亮度用目测法确定光亮级别的条件是：照度为 300lx（相当于 40W 日光灯在 500mm 处的照度）。

目测法的分级标准如下：

1 级（镜面光亮）：表面处理层光亮如镜，能清晰地看出人的五官和眉毛。

2 级（光亮）：表面处理层表层光亮，能看出人的五官和眉毛，但眉毛部分不够清晰。

3 级（半光亮）：表面处理层表面光亮较差，但能看出人的五官轮廓，眉毛部分模糊。

4 级（无光亮）：表面处理层基本上无光泽，看不清人的面部五官轮廓。

B　电镀工件的样板对照法

作为目测法的一种改进，可用标准光亮样板与待测表面处理层进行比较，从而确定表面处理层的光亮度等级。

1 级光泽度样板：经加工标定粗糙度为 $0.04\mu m < Ra < 0.8\mu m$ 的铜质（或铁质）试片，电镀光亮镍套铬后抛光而成。

2 级光泽度样板：经加工标定粗糙度为 $0.08\mu m < Ra < 0.16\mu m$ 的铜质（或铁质）试片，电镀光亮镍套铬后抛光而成。

3 级光泽度样板：经加工标定粗糙度为 $0.16\mu m < Ra < 0.32\mu m$ 的铜质（或铁质）试片，电镀半光亮镍套铬后抛光而成。

4 级光泽度样板：经加工标定粗糙度为 $0.32\mu m < Ra < 0.63\mu m$ 的铜质（或铁质）试片，电镀暗镍套铬后抛光而成。

11.2.4.2　油漆涂膜层光泽度的检验

光泽是物体表面的一种特征。当物体受光的照射时，由于物体表面光滑程度不同，光朝一定方向反射的能力也不同。光泽度是指处理层表面在一定照度和一定角度入射光作用下的反射光比率或强度。表面处理层反射光的比率或强度越大，表面处理层的光泽度越高。

现国内广泛采用微型多角度光泽仪。具有 20°、60°、85°测量角度的光泽仪符合 DINISO 及 ASTM 标准，可在现场和实验室中进行光泽测量。测量时一般选择 60°入射角，以仪器配备的高光泽标准板的光泽为 100%，被测表面与标准板的光泽做比较，以百分数表示。以 60°入射角测量漆膜光泽，高级轿车、冰箱、自行车等高装饰性物面的光泽应大于 90%；一般的装饰性物面光泽应大于 70%；半光物面光泽应为 30%~70%；蛋壳光物面光泽应为 6%~30%；平光物面光泽应为 2%~6%；无光物面光泽小于 2%。

为了提高光泽测量的灵敏度，对于不同的光泽度范围，应该选用不同角度的光泽仪进行测量。60°光泽仪适用于测量光泽度为 10% ~ 70% 的中光泽涂层。当用 60°测量的光泽度超过 70% 时，应采用 20°测量；当用 60°测量的光泽度小于 10% 时，应采用 85°测量。

11.2.4.3 表面处理层厚度的检验

处理层的厚度包括局部厚度检验和平均厚度检验两个内容。其检验方法分为非破坏性检验（无损检测）和破坏性检验两种方法。

非破坏性检验有：磁性法、涡流法、X 射线荧光测厚法、β 射线反向散射法、光切显微镜法、能谱法等。

破坏性检验有：点滴法、液流法、化学溶解法、电量法（库仑法）、金相显微镜法、轮廓法、干涉显微镜法等。

A 磁性法测量表面处理层厚度

磁性法是目前无损测量厚度应用最广泛的一种方法。它分为两种类型：一种类型是测量永久磁铁和基体之间由于处理层存在而改变的磁吸力；另一种类型是测量通过处理层和基体金属磁通路的磁阻。它的工作原理是以探头对磁性基体磁通量或互感电流为基准，利用其表面的非磁性涂层的厚度的不同，对探头磁通量或互感电流的线性变化值来测定表面处理层的厚度。它适用于磁性基体上非磁性表面处理层的厚度测量。

关于磁性法测量处理层厚度的详细规定参见下列标准：

（1）《磁性金属基体上非磁性覆盖层厚度测量磁性法》（GB/T 4956—2003）；

（2）《漆膜厚度测定法》（GB/T 1764—1989）。

B 涡流法测量表面处理层厚度

涡流法实质上是一种电磁法，其原理是利用交流电磁场在被测导电物体中感应产生的涡流效应。其工作原理是将探头（内有高频电流线圈）置于表面处理层上，在被测表面处理层内产生高频磁场，由此引起金属内部涡流，此涡流产生的磁场又反作用于探头内线圈，令其阻抗变化。随基体表面涂层厚度的变化，探头与基体金属表面的间距改变，反作用于探头线圈的阻抗也发生相应改变。由此，测出探头线圈的阻抗值就可间接反映出表面处理层的厚度。

关于表面处理层厚度的涡流法检验方法参见标准：

《非磁性金属基体上非导电覆盖层厚度测量涡流方法》（GB 4957—2003）。

11.2.4.4 表面处理层结合强度（附着力）的检验

表面处理层的结合强度（附着力）是指涂层与基体结合力的大小，即单位表面积的表面处理层从基体（或中间表面处理层）上剥落下来所需的力。表面处理层与基体的结合强度是涂层性能的一个重要指标。若结合强度小，轻则会引起表面处理层寿命降低、过早失效；重则易造成表面处理层局部起鼓包，或表面处理层脱落（剥落）无法使用。

表面处理层结合力检验可分为两类：一类是定性检验，多为生产现场检查用。如栅格检验、弯曲检验、缠绕检验、锉磨检验、冲击检验、杯突检验、热震检验（加热骤冷检验）。另一类是定量检验，一般在检验中进行，如拉拔检验、剪切检验、压缩检验。

表面处理层结合力定性检验的特点是简单易行，可迅速得知涂层结合力状况，但准确度不够；而定量检验虽较复杂，但可得到一个较为准确的结合力数据。

A　栅格检验

用硬质钢针或刀片从试样表面交错地将涂膜划成一定间距的平行线或方格。由于划痕时使涂层在受力情况下与基体产生作用力，若作用力大于表面处理层与基体的结合力，表面处理层将从基体上剥落。以划格后膜层是否起皮或剥落来判断表面处理层与基体结合力的大小。该法适用于硬度中等、厚度较薄的表面处理层（如热喷涂锌或铝涂层、涂料涂层）和塑料涂层等。

具体的检验判定评价如下。

（1）用锐利的硬质钢针或钢划刀在表面处理层上划两条相距为 2mm 的平行线。划线时应施以足够的力，令划刀一次即可划破表面处理层直达基体。若两条划线之间的表面处理层无脱皮或剥落，则为合格。

（2）将表面处理层以 1~3mm 间距和 45°~90°交错角度，划成一定数量的方形或菱形小格并划穿，以格子内表面处理层无脱皮或剥落为合格。

（3）按上述（1）、（2）划痕后，进一步以锐边工具在划痕处挑撬膜层，以挑撬后表面处理层不脱落为合格。

（4）用一种黏合性高的胶带贴在划痕后的表面处理层表面，待固化后撕去胶带，以表面处理层不脱落为合格。

B　弯曲检验

对矩形试样作三点弯曲检验。因膜层与基体所受力不同，当两个力的分力大于表面处理层与基体的结合力时，膜层会从基体上起皮或剥落。最终以弯曲检验中表面处理膜层开裂、剥落情况来评定表面处理层与基体的结合力。

具体的检验判定评价如下：

（1）将试样沿一直径等于试样厚度的轴反复弯曲 180°，直至试样断裂。以表面处理层不脱落为合格。

（2）将试样沿一直径等于试样厚度的轴反复弯曲 180°，然后用放大 4 倍的放大镜检查受弯曲部分。若表面处理层不起皮、脱落，则为合格。

（3）对试样三点弯曲加载，比较试样弯曲后表面处理层开始发生龟裂的弯曲曲率和龟裂的位置，或用适当的工具以同一方法将龟裂处膜层刮掉，然后比较表面处理层脱落的大小范围和程度。

C 缠绕检验

将试样（线状或带状）沿一心轴缠绕。直径 1mm 以下的线材试样将其绕在一根直径为线材直径 3 倍的轴上；直径 1mm 以上的线材绕在与线材直径相同的轴上。各绕成 10～15 个紧密靠近的线圈。经缠绕后，若膜层不起皮、不剥落则为合格；反之，任何剥离、碎裂、片状剥落等均为结合力不合格。在检验中，试样的长度、宽度、弯曲速率等均可标准化，以便对比。

D 锉磨检验

用锉刀、磨轮或钢锯对试样自基体向膜层方向进行锉、磨或锯。利用锉、磨或锯过程中膜层与基体受到不同机械力及热膨胀性的不同，令两者在界面上产生分力。当此力大于膜层与基体间的结合力时，表面处理层脱落。该方法适用于含镍、铬等较硬表面处理层结合力的测试；对不易弯曲、缠绕和耐磨的表面处理层也适用。对极薄膜层以及锌、镉等较软膜层不适用。

具体的检验判定评价如下。

（1）将试样固定在台钳上，用锉刀自基体向表面处理层方向作单向锉削、锉刀与涂层表面约成 45°。经过一定次数的锉削后，以表面处理层不起皮或不剥落为合格。

（2）将试样用工具夹住，在高速旋转的砂轮上对试样边缘部分进行磨削，磨削方向是从基体至膜层。经一定时间磨削后，以表面处理层不起皮或不剥落为合格。

（3）以钢锯代替砂轮，对试样边缘部分，从基体至表面处理层方向进行锯切。以表面处理层不起皮或不剥落为合格。

E 冲击检验

用锤击或落球对试样表面的膜层反复冲击，膜层在冲击力作用下局部变形、发热、震动、疲劳以致最终导致膜层剥落。以锤击（或落球）次数评价表面处理层与基体结合强度。

冲击检验方式分下述两种：

（1）锤击检验：将试样装在专用振动器中，使振动器上的扁平冲击锤以每分钟 500～1000 次的频率对试样表面膜层进行连续锤击。经一定时间后，若试样被锤击部位的膜层不分层或不剥落，则认为其结合力合格。

（2）落球检验：将试样放在专门的冲击试验机上，用一直径为 5～50mm 的钢球，从一定高度及一定的倾斜角向试样表面冲击。反复冲击一定次数后，以试样被冲击部位的膜层不分层或不剥落为合格。

F 杯突检验（球面凹坑检验）

杯突检验类似于弯曲检验，也是检验表面处理层随基体变形的能力，以表面处理层变形后发生开裂或剥离的情况评定表面处理层的结合力是否合格。

　　试样在杯突试验机上（如杯突 BT-6 型、BT-10 型）进行检验。钢球直径为 20mm，杯口直径为 27.5mm，以 10mm/s 的速度由试样背面（无膜层面）将钢球向有膜层面方向压入，压入深度因基体和膜层不同而异，一般为 7mm。观察突出变形部分膜层的开裂状况。如表面处理层随基体一样变形而无裂纹、起皮和剥落现象，则说明表面处理层结合力合格。

　　杯突检验也称深引检验，常被用来检验薄板金属较硬表面处理层的结合强度。最常用的是"埃里克森杯突试验"和"罗曼诺夫凸缘帽试验"。

　　（1）埃里克森杯突检验：采用一种适当的液压装置，将一直径为 20mm 的球形冲头以 0.2～6mm/s 的速度压入试样中至要求的深度。结合强度差的表面处理层只要经过几毫米的变形就会起皮或剥落。当表面处理层结合强度大时，即使冲头穿透基体金属，表面处理层也不起皮。

　　（2）罗曼诺夫凸缘帽检验：由普通压力机组成试验装置。配有一套用来冲压凸缘帽的可调式模具。凸缘直径为 63.5mm，帽的直径为 38mm。帽的深度可在 0～12.7mm 调整。一般将试样试验到帽破裂时为止。深引后的未破损部分将表明深引如何影响膜层的结构。

　　G　热震检验（加热骤冷检验）

　　将试样在一定温度下进行加热，然后骤冷。利用表面处理层与基体热膨胀系数不同而发生的变形差异来评定表面处理层与基体的结合力是否合格。当表面处理层与基体间因温度变形产生的作用力大于其结合力时，则表面处理层剥落。

　　该法适用于表面处理层与基体热膨胀系数相差较大的情况。对热喷涂件，适用于使用环境要求受热或温差大的喷涂件，如各种加热设备工件、灯具等。

　　具体的检验判定评价为：将试样用恒温箱式电阻炉加热，加热至预定温度，一般为 0.5～1h。试样经加热及保温后，在空气中自然冷却，或直接投入冷水骤冷。观察试样表面处理层，以不起皮、不脱落表示结合力合格。

11.2.4.5　表面处理层的孔隙率检验

　　数学角度定义：表面处理层材料在制备前后的体积相对变化率，可表示为

$$a = \Delta V / V_0, \Delta V = V - V_0$$

式中　a——表面处理层孔隙率；
　　　V_0——表面处理层材料制备前的体积，L；
　　　V——表面处理层材料制备后的体积，L。

　　故可有

$$a = \left(\frac{V}{V_0} - 1 \right) \times 100\%$$

　　物理角度定义：表面处理层材料在制备前后的密度相对变化率，可表示为

$$a = \frac{\Delta \rho}{\rho_0} = \frac{\rho_0 - \rho}{\rho_0} = \left(1 - \frac{\rho}{\rho_0} \right) \times 100\%$$

式中 ρ_0——表面处理层材料制备前的密度，kg/m^3；

ρ——表面处理层材料制备后的密度，kg/m^3。

这里，显然 $\rho_0 > \rho$，$a > 0$。

由上述内容可见，孔隙率是表征表面处理层密实程度的度量。不同功能的表面处理层对孔隙率的要求不同。用不同方法制备的表面处理层，其孔隙率也不尽相同。例如，用于防腐蚀的耐蚀表面处理层，应严防有害介质透过表面处理层到达基体，故要求表面处理层的孔隙率越小越好；同样是热喷涂镍铬合金耐磨涂层，若用火焰线材喷涂，其表面处理层孔隙率必然大于用等离子喷涂的同类材料表面处理层。从防腐蚀角度看，表面处理层孔隙率越小耐蚀性就越好，故希望表面处理层孔隙率小。但是对于耐磨减摩表面处理层，涂层中孔隙多，则存储润滑油多，当然是孔隙率越大越好。故表面处理层孔隙率大小的评价有赖于其对功能的追求。

表面处理层孔隙率测定方法很多，大致分为如下几种。

（1）物理法：包括浮力法、直接称量法。

直接称量法：在直径 25.4mm、长为 63.5mm 的圆柱形基体上切削出深度 $\delta = (25.4 - 22.23)$mm（即 3.17mm）、长 $L = 50.8$mm 的槽；在槽中制备表面处理层材料并磨削加工至光滑恢复为原来圆柱形。分别计算出表面处理层孔隙率。表面处理层孔隙率 A 计算式为

$$A = 1 - \frac{W_2}{W_1} = \left(1 - \frac{W - W_0}{\rho V} \right) \times 100\%$$

式中 W——表面处理层制备前（未加工凹槽）的圆柱质量，kg；

W_0——表面处理层制备后圆柱质量，kg；

ρ——圆柱形基体材料的相对密度；

V——凹槽体积，m^3。

W_2——相当于凹槽体积的表面处理层材料的质量，kg，$W_2 = W - W_0$；

W_1——相当于凹槽体积的圆柱形基体材料的质量，kg，$W_1 = \rho V$。

（2）化学法：包括滤纸法、涂膏法、浸渍法。

1）滤纸法测表面处理层孔隙率。该法是目前生产中常用的一种方法，适用于测定钢铁或者铜合金基体上铜、镍铬、锡等单金属表面处理层或多金属表面处理层的孔隙率。

检验时，基体金属被腐蚀后产生离子，离子透过孔隙，由指示剂在试纸上产生特征显色作用，即在待测表面处理层表面刷上试验液后贴上滤纸，试验液沿表面处理层孔隙抵达基体表面并引起腐蚀产生离子。基体金属离子沿孔隙并在试验液中指示剂作用下在滤纸上留下斑点。根据斑点多少，即可算出表面处理层的孔隙率。

2）涂膏法测表面处理层孔隙率。该法除适用与滤纸法相同的范围外，还适用于曲面形状试样。

该法的试验原理与滤纸法相同，只是将滤纸用膏状物代替。具体过程是把含有试液的膏状物均匀涂敷在经过清洁和干燥处理的试样表面。膏状物中的试液渗入表面处理层孔隙，与基体金属或者中间膜层作用，生成具有特征颜色的斑点，对膏体上有色斑点数目进行计数，即可得到表面处理层孔隙率。

检验时，在处理过的试样表面上均匀涂敷选择好的膏剂，经 5 ~ 10min 后，直接观察膏层上的有色斑点数。泥膏用量为 0.5 ~ 1g/dm^2。孔隙率的计算参照滤纸法。

（3）电解显像法。

（4）显微测量法。

12　工程装备修竣质量检查验收箱组

12.1　功能与用途

　　工程装备修竣质量检查验收箱组，主要配备了工程装备修竣检查验收各个检查项目所需要的检测仪器、测试设备、拆装专用工具及辅助观察和作业工具等。配备的检测仪器设备性能先进、精密度适用、检测速度快，具备装备性能指标数据采集与检测、装备作业、制动性能测试试验及作业观瞄、检测报告打印等功能，主要在工程装备维修管理部门、工程装备修理单位对工程装备维修质量进行检查和验收时使用。

　　修竣质量检查验收箱组外形如图 12-1 所示。箱门打开后展开可以单独作为操作台使用，如图 12-2 所示。

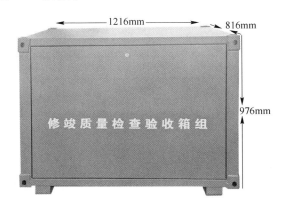

图 12-1　修竣质量检查验收箱组外箱与尺寸

图 12-2　箱门卸下展开图

12. 2　总 体 组 成

工程装备修竣质量检查验收箱组的设备工具套装是根据工程装备修竣质量检查验收项目、验收标准、验收手段的实际需求设计开发的。由通用量具及拆检工具、修竣数据类检测仪器设备、结构件与焊接质量检测仪器设备、测试试验类检测仪器设备、观瞄辅助类设备器材及大中修信息查询系统六大模块组成，如图12-3 所示。

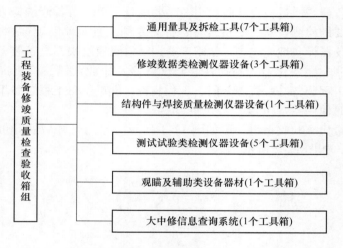

图 12-3　模块组成

修竣质量验收检测箱组由 2 个单体大箱组成，里面共存放了 18 个工具箱，如图 12-4 所示。其中通用量具及拆检工具模块和观瞄等辅助设备工具器材模块，存放在 8 个工具箱内。修竣数据类检测仪器设备模块和测试试验设备和工具模块，分别按照仪器设备的体积大小分为 8 个小模块，分别存放在 8 个工具箱内。结构件与焊接质量检测仪器设备存放在 1 个工具箱内。信息查询系统平板电脑另配了一个单独的小号工具箱，单独存放。除此以外，还配备了便携式工具盒和接油盆以方便检查人员携带小型检测仪器和拆装零部件进行检测时使用。各模块检测仪器、设备、工具、信息查询系统选型共六大类 63 种。

为便于移动、运输装载和灵活使用，根据仪器体积和功能尽量进行合并集成，共选用了 8 种规格的铝合金工具箱。各箱内按照工具功能和用途，分类分层设置，刻模定位并制作分布图，内部有格子棉，起到防震作用，既提高检验作业效率，又便于工具设备管理。

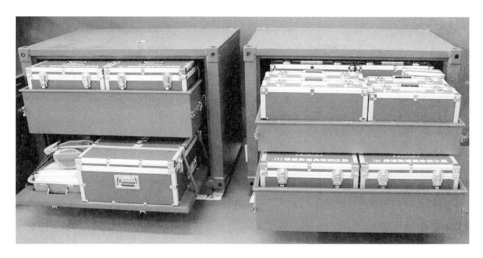

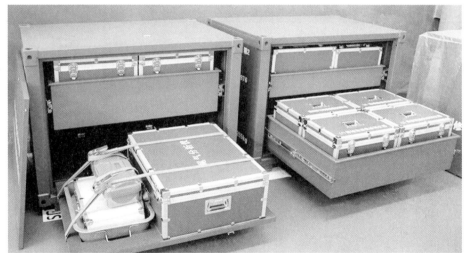

图 12-4 箱组总体布局

12.3 装箱设备工具布局

12.3.1 通用量具及拆检工具模块

12.3.1.1 通用量具及拆检工具套装（1）箱

通用量具及拆检工具套装（1）箱的第一、第二层分别如图 12-5 和图 12-6 所示。

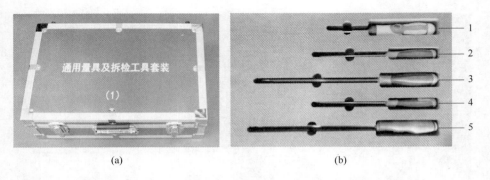

(a)　　　　　　　　　　　　　　　　(b)

图 12-5　通用量具及拆检工具套装（1）箱

（a）外形；（b）第一层

通用量具及拆检工具套装（1）箱第一层明细见表 12-1。

表 12-1　通用量具及拆检工具套装（1）箱第一层明细表

序号	名　称	规　格　型　号	数量	单位
1	6 件可折叠棘轮螺丝批组套	十字：1 号、2 号、3 号 一字：4mm、5mm、6mm	1	套
2	一字螺丝刀	8mm × 250mm	1	把
3	一字穿心螺丝刀	1mm × 150mm	1	把
4	十字螺丝刀	3mm × 250mm	1	把
5	十字穿心螺丝刀	5mm × 150mm	1	把

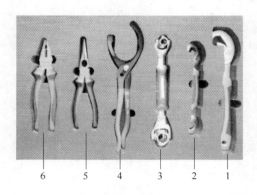

图 12-6　通用量具及拆检工具套装（1）箱第二层

通用量具及拆检工具套装（1）箱第二层明细见表 12-2。

表 12-2 通用量具及拆检工具套装（1）箱第二层明细表

序号	名　称	规　格　型　号	数量	单位
1	万用扳手大号	22 ~ 32mm	1	把
2	万用扳手小号	6 ~ 15mm/10 ~ 22mm	1	把
3	万能套筒扳手	8 ~ 19mm	1	把
4	滤清器扳手	63.5 ~ 116mm	1	把
5	尖嘴钳	200mm	1	把
6	钢丝钳	200mm	1	把

12.3.1.2　通用量具及拆检工具套装（2）箱

通用量具及拆检工具套装（2）箱如图 12-7 所示。

图 12-7　通用量具及拆检工具套装（2）箱

通用量具及拆检工具套装（2）箱明细见表 12-3。

表 12-3　通用量具及拆检工具套装（2）箱明细表

序号	名　称	规　格　型　号	数量	单位
1	英制扳手组套	1/4 ~ 7/8 英寸	1	套
2	公制内六角扳手	1.5 ~ 17mm	1	盒

12.3.1.3　通用量具及拆检工具套装（3）箱

通用量具及拆检工具套装（3）箱第一层如图 12-8 所示。

通用量具及拆检工具套装（3）箱明细见表 12-4。

表 12-4　通用量具及拆检工具套装（2）箱明细表

序号	名　称	规　格　型　号	数量	单位
1	钢板尺	500mm	1	把

通用量具及拆检工具套装（3）箱第二层如图 12-9 所示。

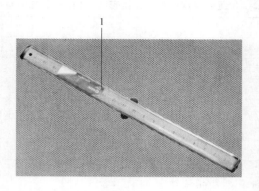

图 12-8　通用量具及拆检工具套装（3）箱

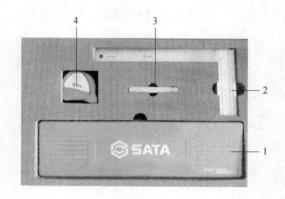

图 12-9　通用量具及拆检工具套装（3）箱第二层

通用量具及拆检工具套装（3）箱第二层明细见表 12-5。

表 12-5　通用量具及拆检工具套装（3）箱第二层明细表

序号	名　　称	规 格 型 号	数量	单位
1	游标卡尺	0 ~ 300mm	1	套
2	直角尺	300mm	1	把
3	塞尺	0.02 ~ 1mm	1	把
4	钢卷尺	500mm	1	把

通用量具及拆检工具套装（4）箱如图 12-10 所示。

通用量具及拆检工具套装（4）箱明细见表 12-6。

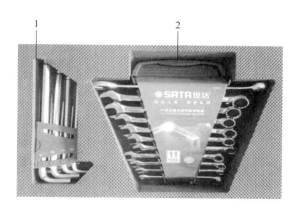

图 12-10　通用量具及拆检工具套装（4）箱

表 12-6　通用量具及拆检工具套装（4）箱明细表

序号	名　　称	规　格　型　号	数量	单位
1	英制内六角扳手	1/16 ~ 3/8 英寸	1	套
2	公制扳手组套	8 ~ 22mm	1	套

注：1 英寸 = 2.54mm。

通用量具及拆检工具模块总明细见表 12-7。

表 12-7　通用量具及拆检工具模块明细表

序号	名　　称	单位	数量	规　格　型　号	功　能　用　途
1	游标卡尺	把	1	0 ~ 300mm 测量精度 ± 0.05	可测量零部件外径、内径、深度和阶差
2	钢板尺	把	1	500mm	可检测零部件外形尺寸，简易检查零部件装配平面度是否符合要求
3	钢卷尺	把	1	5m	主要用于检测零部件外形尺寸是否符合要求
4	塞尺	把	1	0.02 ~ 1mm	主要用于检测零部件装配间隙是否符合要求
5	直角尺	把	1	300mm	主要用于检测有平面度、垂直度要求的零部件质量和有垂直度要求的装配质量是否符合技术要求
6	14 件公制内六角扳手组套	套	1	1.5 ~ 17mm	装备检修、拆检工作中的必需工具

序号	名　称	单位	数量	规 格 型 号	功 能 用 途
7	英制内六角扳手	套	1	1/16 ~ 3/8	装备检修、拆检工作中的必需工具
8	万能扳手工具组套装	套	1	6 ~ 32mm	装备检修、拆检工作中的必需工具
9	万能套筒扳手	把	1	公制：8 ~ 19mm 英制：5/16 ~ 3/4 英寸	装备检修、拆检工作中的必需工具
10	英制扳手组套	套	1	1/4 ~ 7/8 英寸	装备检修、拆检工作中的必需工具
11	公制扳手组套	套	1	8 ~ 22mm	装备检修、拆检工作中的必需工具，用于接油或盛放工具
12	6 件可折叠棘轮螺丝批组套	套	1	一字：4mm、5mm、6mm 十字：1 号、2 号、3 号	装备检修、拆检工作中的必需工具
13	一字穿心螺丝刀	把	1	8mm × 250mm	装备检修、拆检工作中的必需工具
14	一字螺丝刀	把	1	5mm × 150mm	
15	十字穿心螺丝刀	把	1	3mm × 250mm	装备检修、拆检工作中的必需工具
16	十字螺丝刀	把	1	1mm × 150mm	
17	滤清器扳手	把	1		装备检修、拆检工作中的必需工具
18	尖嘴钳	把	1	200mm	装备检修、拆检工作中的必需工具
19	钢丝钳	把	1	200mm	
20	油盆	个	1	400mm × 300mm × 90mm	用于接油或盛放工具
21	电子秤	个	2	大、小	
22	割管器	个	1	得力	
23	橡皮锤	个	1	世达	
24	数字千分尺	个	3	三量	高精度 0.001，0 ~ 25mm，25 ~ 50mm，50 ~ 75mm
25	毛刷	个	3		

12.3.2　数据类检测仪器设备模块

12.3.2.1　修竣数据类检测仪器（1）箱

修竣数据类检测仪器（1）箱如图 12-11 所示。

修竣数据类检测仪器（1）箱明细见表 12-8。

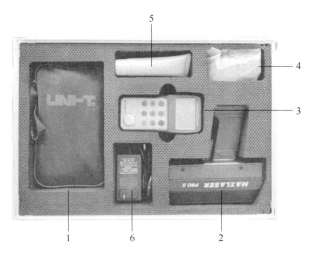

图 12-11 修竣数据类检测仪器（1）箱

表 12-8 修竣数据类检测仪器（1）箱明细表

序号	名　称	规　格　型　号	数量	单位
1	数字万用表	UT61E	1	台
2	雷达测速仪	MAXLASER PRO2	1	台
3	超声波测厚仪	JITAI512	1	台
4	雷达测速仪附件	—	1	套
5	测厚仪附件	—	1	套
6	雷达测速仪充电插头	—	1	个

12.3.2.2 修竣数据类检测仪器（2）箱

修竣数据类检测仪器（2）箱第一、第二层分别如图 12-12 和图 12-13 所示。

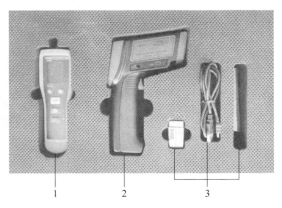

图 12-12 修竣数据类检测仪器（2）箱第一层

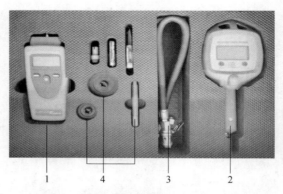

图 12-13 修竣数据类检测仪器（2）箱第二层

修竣数据类检测仪器（2）箱第一、第二层明细见表 12-9 和表 12-10。

表 12-9 修竣数据类检测仪器（2）箱第一层明细表

序号	名　　称	规 格 型 号	数量	单位
1	测震仪	F802N	1	台
2	便携式红外测温仪	−18～1650℃	1	台
3	便携式红外测温仪附件	—	1	套

表 12-10 修竣数据类检测仪器（2）箱第二层明细表

序号	名　　称	规 格 型 号	数量	单位
1	轮胎气压表	CR103D-01	1	个
2	高精度两用转速表	1～99999r/min	1	个
3	高精度两用转速表附件	—	1	套
4	轮胎气压表附件	—	1	套

12.3.2.3 修竣数据类检测仪器（3）

修竣数据类检测仪器（3）箱如图 12-14 所示。

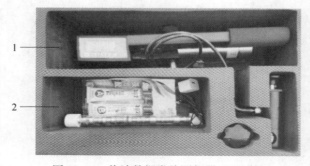

图 12-14 修竣数据类检测仪器（3）箱

修竣数据类检测仪器（3）箱明细见表12-11。

表 12-11　修竣数据类检测仪器（3）箱明细表

序号	名　　称	规 格 型 号	数量	单位
1	油漆附着力测试仪	BJZJ-FZL-M	1	台
2	油漆附着力测试仪附件	—	1	套

修竣数据类检测仪器设备模块总明细见表12-12。

表 12-12　修竣数据类检测仪器设备模块明细表

序号	名　　称	单位	数量	规 格 型 号	功 能 用 途
1	便携式红外测温仪	台	1	$-18 \sim 1650℃$	用于发动机、底盘等温度测量
2	高精度两用转速表	个	1	$1 \sim 99999 r/min$	最大探测距离3m，主要用于测量发动机转速
3	数字万用表	个	1	交直流电压：$0.01mV \sim 1000V$；交直流电流：$0.01mA \sim 10A$；电阻：$0.01Ω \sim 60MΩ$	自动量程、手动量程、背光显示；相对值测量、低电量提示、数据保持、最大值/最小值测量、自动关机
4	钳式万用表	个	1	DM6266	精准档位，高清显示，测量安全，便携设计
5	雷达测速仪	台	1	测速范围：$16 \sim 320km/h$；测量精度：$\pm 2km/h$	具备液晶显示屏，连续模式自动读数，主要用于测量装备的行驶速度
6	超声波测厚仪	台	1	测量范围：$0.8 \sim 300mm$；测量范围：$0.75 \sim 9.99mm$ 时，分辨率为 $0.01mm$，允许误差为 $\pm 0.05mm$	具备液晶显示功能，能对系统误差进行自动校准，低电压提醒，主要用于检测有厚度要求的零部件是否达到技术要求和修竣装备漆膜厚度的检测
7	油漆附着力测试仪	台	1	多刃切割刀间距误差：$\pm 0.01mm$；多刃切割刀尖宽度：$\geq 0.05mm$	具备两种刀刃，主要用于修竣装备表面油漆附着力是否符合要求
8	测振仪	台	1	测量范围 - 加速度：$0.0 \sim 199.9m/s^2$；测量范围 - 速度：$0.00 \sim 19.99cm/s$；频率范围 - 加速度：$10 \sim 1000Hz$（low），$1 \sim 15kHz$（Hi）；频率范围 - 位移、速度：$10 \sim 1000Hz$	具备液晶显示功能，具备多种测量方式和测量频率范围，主要用于检测发动机、空压机、发电机、液压泵、变速箱等运转零部件的运转是否平稳，是否符合技术要求
9	轮胎气压表	个	1	精确度：$\pm 1\% + 0.5\%$；测量范围：$5 \sim 200psi$；工作温度：$-20 \sim 70℃$	具备自动读数功能，有 LED 背光显示自动读数功能，主要用于轮式工程装备轮胎胎压检测

12.3.3　结构件与焊接质量检测仪器设备模块

结构与焊接质量检测仪器箱第一～第三层分别如图 12-15 ～ 图 12-17 所示。

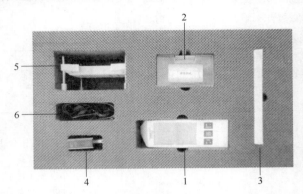

图 12-15　结构与焊接质量检测仪器箱第一层

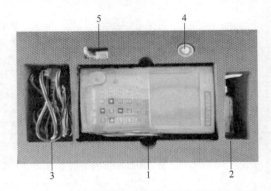

图 12-16　结构与焊接质量检测仪器箱第二层

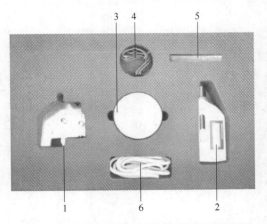

图 12-17　结构与焊接质量检测仪器箱第三层

结构与焊接质量检测仪器箱第一～第三层明细分别见表12-13～表12-15。

表 12-13　结构与焊接质量检测仪器箱第一层明细表

序号	名　称	规　格　型　号	数量	单位
1	粗糙度仪	JITAI820	1	台
2	粗糙度仪传感器	—	1	个
3	粗糙度仪校准试块	—	1	块
4	粗糙度仪充电器	—	1	个
5	粗糙度仪 USB 充电线	—	1	根
6	粗糙度仪高度调节支架	—	1	个

表 12-14　结构与焊接质量检测仪器箱第二层明细表

序号	名　称	规　格　型　号	数量	单位
1	数字式超声波探伤仪	JITAI991	1	台
2	15MHz 探头	—	1	支
3	耦合剂	—	1	瓶
4	电源适配器	—	1	个
5	Q9 探头连接电缆	—	1	根

表 12-15　结构与焊接质量检测仪器箱第三层明细表

序号	名　称	规　格　型　号	数量	单位
1	焊接检验尺	HJC60	1	个
2	硬度计	TIME5100	1	个
3	里氏硬度块	—	1	块
4	硬度计 USB 通信电缆	—	1	根
5	硬度计尼龙刷	—	1	把
6	硬度计数据线	—	1	根

结构件与焊接质量检测仪器设备模块明细见表12-16。

表 12-16　结构件与焊接质量检测仪器设备模块明细表

序号	名　称	单位	数量	规　格　型　号	功　能　用　途
1	硬度仪	台	1	测量范围：170～960HLD	多材料选择，不少于 800 组存储数据，可检测里氏、洛氏、布氏多种硬度计量方式。主要用于检测有热处理硬度要求的零部件是否达到技术要求

序号	名　称	单位	数量	规　格　型　号	功　能　用　途
2	粗糙度仪	台	1	垂直：160μm； 水平：17.5mm	主要用于检测表面有粗糙度要求的零部件是否达到技术要求
3	超声波探伤仪	台	1	电导率：0.5～60/Qmm²； 灵敏度：最浅深度50mm； 边缘效应影响：探头距边缘6mm	具备不解体无损检测功能，主要用于不拆卸装备零部件，直接对装备关重金属零部件进行无损检测
4	焊接检验尺	把	1		主要用于检测各种焊接部件焊缝的质量

12.3.4　测试试验类检测仪器设备模块

测试试验类检测仪器设备模块（1）、（2）箱分别如图 12-18 和图 12-19 所示。测试试验类检测仪器设备模块（1）、（2）箱明细分别见表 12-17 和表 12-18。

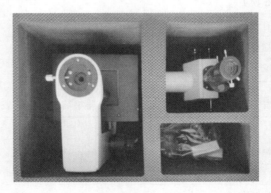

图 12-18　测试试验类检测仪器设备模块（1）箱

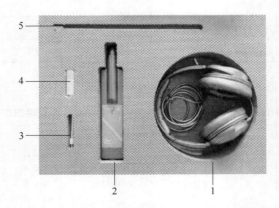

图 12-19　测试试验类检测仪器设备模块（2）箱

表 12-17　测试试验类检测仪器设备模块（1）箱明细表

序号	名　称	规格型号	数量	单位
1	金相显微镜	M230	1	台

表 12-18　测试试验类检测仪器设备模块（2）箱明细表

序号	名　称	规格型号	数量	单位
1	机械故障听诊器耳机	M01STE2	1	个
2	机械故障听诊器仪器	M01STE2	1	台
3	机械故障听诊器探针	—	1	根
4	机械故障听诊器电池	—	1	块
5	机械故障听诊器附件	—	1	件

　　测试试验类检测仪器设备模块（3）箱第一～第三层分别如图 12-20 ~ 图 12-22 所示。

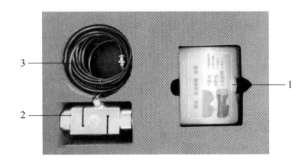

图 12-20　测试试验类检测仪器设备模块（3）箱第一层

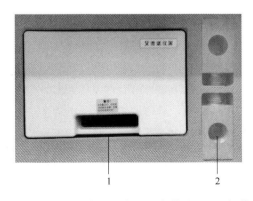

图 12-21　测试试验类检测仪器设备模块（3）箱第二层

图 12-22　测试试验类检测仪器设备模块（3）箱第三层

　　测试试验类检测仪器设备模块（3）箱第一～第三层明细分别见表 12-19 ～
表 12-21。

表 12-19　测试试验类检测仪器设备模块（3）第一层明细表

序号	名　　称	规 格 型 号	数量	单位
1	荧光渗透快速测漏工具套装	RX-01	1	盒
2	数显推拉力计 S 型传感器	—	1	台
3	数显推拉力计 S 型传感器线	—	1	根

表 12-20　测试试验类检测仪器设备模块（3）第二层明细表

序号	名　　称	规 格 型 号	数量	单位
1	数显推拉力计	HP-100K	1	个
2	数显推拉力计附件	—	2	个

表 12-21　测试试验类检测仪器设备模块（3）第三层明细表

序号	名　　称	规 格 型 号	数量	单位
1	液压系统压力检测工具套装	3 表 3 管 9 接头	1	盒

　　扭力扳手箱如图 12-23 所示。

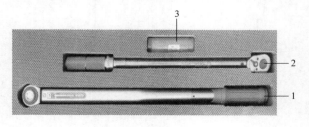

图 12-23　扭力扳手箱

扭力扳手箱明细见表 12-22。

表 12-22 扭力扳手箱明细表

序号	名　称	规 格 型 号	数量	单位
1	扭力扳手	80~400N·m	1	把
2	扭力扳手	40~200N·m	1	把
3	预置式扭矩螺丝刀	0.2~3.0kg	1	把

尾气分析仪箱如图 12-24 所示。

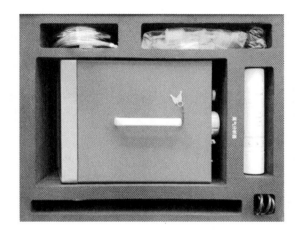

图 12-24 尾气分析仪箱

尾气分析仪箱明细见表 12-23。

表 12-23 尾气分析仪箱明细表

序号	名　称	规 格 型 号	数量	单位
1	尾气分析仪	HPC501	1	台

测试试验类检测仪器设备模块总明细见表 12-24。

表 12-24 测试试验类检测仪器设备模块明细表

序号	名　称	单位	数量	规 格 型 号	功 能 用 途
1	黏度计	个	1	测量范围：1~10mPa·s 测量精度：±2%	具备数显功能，不少于 4 个转子，主要用于测试润滑油的黏度是否符合要求

序号	名　称	单位	数量	规格型号	功能用途
2	荧光渗透快速测漏工具套装	套	1	荧光测漏剂 30mL	主要用于试验变速箱、发动机润滑管路是否渗漏
3	尾气分析仪	台	1	测量范围：0~25%；工作电压：220V	主要用于发动机尾气含氧量的检测，从而判断发动机的空燃比是否在良好的动力性和经济性状态
4	数字式拉力计	个	1	最大负荷：500N	具备数显功能，主要用于测试制动踏板力、转向力、弹簧伸缩力等是否符合要求
5	液压系统压力检测工具套装	套	1	3表3管9接头	主要测试挖掘机等全液压工程装备的液压系统压力及液压元件的性能是否符合要求
6	金相显微镜	台	1	调焦范围：30mm；微动格值：0.002mm	主要用于检测工程装备金属关重零部件材质是否符合技术要求
7	红外成像仪	台	1	测温范围：−10℃；热成像像素：200×150	液晶显示，2m防摔，主要用于测试修竣装备外表伪装涂层的防护质量
8	机械故障听诊器	套	1	频率范围：100~10kHz	用于探听装备运转是否正常
9	制动性能检测仪	台	1	测量范围：0~9.81m/s²	主要用于测试轮式装备的制动性能
10	蓄电池检测仪	台	1	检测范围：12V/24V	具备蓄电池测试、起动性能测试和最大负荷测试功能，主要用于工程装备起动性能检查和蓄电池状态检测
11	预置扭矩螺丝刀	把	1	0.2~3kg	主要用于测试有扭矩要求的螺纹连接件装配扭矩是否符合要求
12	预置式扭矩扳手	把	1	驱动方：1/2英寸；扭矩范围：40~200N·m	主要用于测试有扭矩要求的重要螺纹连接件装配扭矩是否符合要求
13	预置式扭力扳手	把	1	驱动方：1/2英寸；扭矩范围：80~400N·m	主要用于测试有扭矩要求的重要螺纹连接件装配扭矩是否符合要求

注：1 英寸 = 2.54mm。

12.3.5 观瞄及辅助类设备器材模块

观瞄及辅助类设备(1)箱如图 12-25 所示。

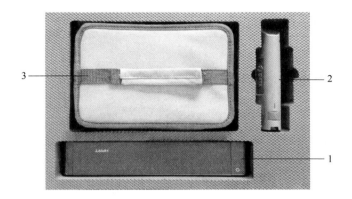

图 12-25 观瞄及辅助类设备(1)箱

观瞄及辅助类设备(1)箱明细见表 12-25。

表 12-25 观瞄及辅助类设备(1)箱明细表

序号	名 称	规 格 型 号	数量	单位
1	便携式打印机	MT800	1	台
2	全折叠三角工作灯	5000mAh	1	个
3	内窥镜	GIC120C	1	套

观瞄及辅助类设备(2)箱如图 12-26 所示。

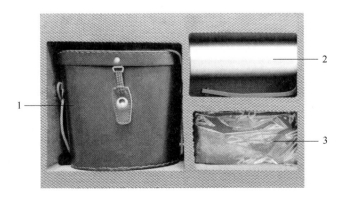

图 12-26 观瞄及辅助类设备(2)箱

观瞄及辅助类设备（2）箱明细见表 12-26。

表 12-26　观瞄及辅助类设备（2）箱明细表

序号	名　　　称	规 格 型 号	数量	单位
1	红外望远镜	T98	1	个
2	多功能磁力防爆灯	RJW7101	1	个
3	多功能磁力防爆灯附件	—	1	套

观瞄及辅助类设备器材模块总明细见表 12-27。

表 12-27　观瞄及辅助类设备器材模块明细表

序号	名　称	单位	数量	规 格 型 号	功 能 用 途
1	便携式打印机	台	1	最大纸张：A4； 外观尺寸：350mm×170mm×90mm	可复印、扫描、打印，大触摸屏主要用于检测数据的输出
2	多功能磁力防爆灯	个	1	额定电压：DC 7.4V； 额定容量：5Ah； 额定功率：12W； 连续工作时间：强光≤10h； 工作光≤20h	主要用于在野外执行检测任务时，提供灯光照明
3	内窥镜	个	1	分辨率：1920×1080p； 显示屏：4.3英寸； 线长：1m； 镜头直径：8mm	主要用于观察发动机、底盘部件、管路等内部状况
4	红外望远镜	个	1	放大倍数：10×； 目镜直径：25mm； 物镜直径：50mm； 分辨率：5英寸	具备罗盘和测距计算尺，可浮水、微光夜视，主要用于在野外远距离检查修竣装备作业、行驶状况
5	激光测距仪	台	1	1500m	
6	测亩仪		1	S6PRO	山地可用
7	全折叠三角工作灯	个	1	流明：500； 连续照明时间：3.5/7h； 电容量：5000mAh	具备防水功能，体积轻薄，可折叠，能悬挂或黏附在装备表面。主要用于在光线不足时用作工作灯使用，增加照明亮度

续表 12-27

序号	名　称	单位	数量	规 格 型 号	功　能　用　途
8	便携式工具箱	个	1	体积： ≤385mm×202mm×140mm； 材质：软塑	主要用于在大型箱子不方便携带到达的场合，携带部分拆检工具和检测仪器至待检装备旁执行修竣质量检查任务
9	高度仪	台	1	FR500	海拔、湿度、温度、指向
10	无人机	个	1		便携可折叠
11	野外作业帐篷	个	1	2m²	

12.3.6　信息查询系统

　　信息查询系统可用于对工程装备各种机型性能指标、使用维护指南、维护保养规程、修理技术规程、修理范围、器材消耗标准、修竣验收要求、教程和教案、故障与排除、验收技术方法手册等多种信息进行查询，主要为修理机构、验收部门等提供有关修理与验收方面的多种信息资料，辅助工程装备修竣质量检验工作的开展和完成。

　　信息查询系统主要由平板电脑（见图 12-27）、查询系统软件、便携保护套及其他附件组成，具有外形轻薄、便于携行、操作简单、查询方便等特点。信息查询系统能支持安卓或 Windows 操作系统，在 x86 或龙芯等国产处理器上平稳运行。

图 12-27　信息查询系统平板电脑

　　信息查询系统软件共有 15 个功能模块，分别是：性能指标、结构原理、日常保养、特殊保养、作业方案、作业指导、训练教案、训练教程、维护指南、修理规程、修理范围、消耗定额、验收要求、故障排除和帮助说明，每个模块都具有扩展功能，如图 12-28 所示。

图 12-28　信息查询系统主界面功能模块

附　　录

附录1　工程装备质量检验常用方法与手段

检验类别	检验内容	检 验 方 法	检 验 工 具	备注
铸件质量检验	表面检验	目视外观检验	眼睛	
		荧光检验	紫外线光源、滤光片和荧光物	
		着色探伤	渗透液、显色剂	
		磁粉探伤	磁粉、磁粉探伤仪	
		煤油浸润	水或煤油	
	表面粗糙度	面积法	表面粗糙度比较样块	
		轮廓法	JCD电法铸件表面粗糙度测量仪	
	尺寸公差	实测法、画线法、专用检具法、样板检查法和仪器测量法	游标卡尺、直角尺、角度尺和卡钳、多用盒尺、三坐标测量仪	
	直线度误差	光隙法	平尺（或刀口尺）	
	平面度误差	刀口尺测量法	刀口尺或三棱尺、四棱尺	
	平行度误差	方箱测量法、光隙法、水平仪测量法	方箱、平行度测量架、水平仪	
	垂直度	光隙法、方箱测量法、直角尺测量法、	直角座（包括刀口直角尺）、带指示器的测量架、方箱、V形铁、专用测具或量规	
	同轴度	卡尺测量法	通用工具	
	对称度		画线平台、专用量规或测具	
	内部检验	宏观检验	肉眼或10倍以下的低倍放大镜	
		显微检验	金相显微镜	
		超声波检验		
		声发射探伤		
		涡流探伤		
		加压检验法		
		金相检验法	金相显微镜	

续表

检验类别	检验内容	检验方法	检验工具	备注
铸件质量检验	气密性检验	水压试验	水	
		气压试验	压缩空气	
锻件检验	表面质量	目测检查	5～10倍放大镜	
		着色检查		
		磁力探伤法		
		渗透探伤法		
	几何形状和尺寸	目测法、划线法、专用样板测量	游标卡尺、带刻度外卡钳、专用样板、极限卡板	
			限卡板	
	内部质量	超声波检验		
		磁力探伤		
		低倍组织检查		
	硬度	硬度试验	硬度计或硬度机	
	拉伸	拉伸试验		
	冲击韧性	冲击试验		
焊接件检验	外观检查	目视检验	眼睛、望远镜、内孔管道镜、照相机	
	内部质量	着色探伤	喷罐	
		荧光探伤	荧光液、荧光照射设备	
		磁粉探伤	磁粉、磁粉探伤仪	
		射线探伤		
		超声探伤	脉冲反射式超声波探伤仪	
	气密性检验	充气检查、沉水检查、氨气检查	压力气体、压缩气体、1%氨气的压缩空气、在5%硝酸水溶液中浸过的纸条或绷带	
热处理件检验	外观检验	目视检验	肉眼或低倍放大镜	
		磁粉探伤		
		超声波探伤		
		染色探伤		
	硬度检验	布氏硬度测定	布氏硬度计	
		洛氏硬度测定	洛氏硬度计	
		维氏硬度测定	维氏硬度计	

续表

检验类别	检验内容	检 验 方 法	检 验 工 具	备注
表面处理件检验	表面特性	目测法、仪器检验法	光泽仪、橘皮仪、色差仪等 粗糙度仪	
	厚度	无损检验、金相检验	工具显微镜	
	耐蚀性	中性盐雾试验、铜盐加速腐蚀试验、浸泡试验、电位测定		
	耐磨性	耐磨试验	磨损试验机	
	密度及孔隙率	直接称重法、浮力法、金相法		
	硬度	金相法	硬度计	
	结合强度或附着力	拉伸、压缩、弯曲、剪切试验、杯突试验、栅格实验		
压力表	外观	视觉检查法		
	漆层和镀层	同表面处理件检验	同表面处理件检验	
	基本误差		标准压力表、标准温度计、直流电源、低温箱、高温箱等	
	指针响应时间			
	过载			
	耐电压性			
	温度影响和耐温性			
	电压影响			
转速表	外观	视觉检查法		
	漆层和镀层	同表面处理件检验	同表面处理件检验	
	基本误差		转速表电子校验台或标准转速表	
	温度影响和耐温性		低温箱、高温箱等	
磁感应式车速里程表	外观	视觉检查法		
	漆层和镀层	同表面处理件检验	同表面处理件检验	
	基本误差		车速里程表电子校验台或标准车速里程表	
	转矩		转矩测量专用装置	
	温度影响和耐温性		低温箱、高温箱等	

续表

检验类别	检验内容	检　验　方　法	检　验　工　具	备注
电流表	外观	视觉检查法		
	漆层和镀层	同表面处理件检验	同表面处理件检验	
	指针的阻尼试验			
	基本误差		标准电流表	
	过载试验			
	耐电压性			
	温度影响和耐温性		低温箱、高温箱等	
油量表	外观	视觉检查法	眼睛	
	漆层和镀层	同表面处理件检验	同表面处理件检验	
	可动部分运动状态			
	基本误差		专用装置	
	指针响应时间			
	电压影响和耐电压性			
	温度影响和耐温性		低温箱、高温箱等	
起动机	外观	视觉检查法		
	漆层和镀层	同表面处理件检验	同表面处理件检验	
	额定工作时间试验		专用试验台	
	防护等级		专用密封件	
	耐电压试验			
	超速试验		电源、电压表、电流表、专用试验台等	
	电磁开关性能检查			
	单向离合器性能检查			
交流发电机	外形及安装尺寸	目测法	眼睛、卡尺或专用量具	
	拧紧力矩		扭矩扳手	
	噪声试验	耳听	耳	
	电气特性试验	试验电路法	蓄电池、电压表、电流表、可变电阻、指示灯等	
线束	尺寸检查		钢卷尺	
	外观	目测法	眼睛	
	拉力		拉力试验机	
	低温和高温试验		低温箱、高温箱等	
	导通及短路、错路		专用检验台	
	电压降		电压降试验台	

续表

检验类别	检验内容	检 验 方 法	检 验 工 具	备注
发动机	起动试验			
	怠速试验			
	功率试验			
	负荷特性试验		测功器	
	万有特性试验	负荷特性法、速度特性法		
	机械损失功率试验	机械效率 – 转速法		
	柴油机调速特性试验	调速特性曲线图法	直流电力测功器	
	各缸工作均匀性试验	压缩压力 – 转速法	电力测功器、红外线分析仪	
	机油消耗试验		量器等	
	活塞漏气量试验	活塞漏气量 – 转速法	活塞漏气量测量仪	
紧固件	宽度		游标卡尺	
	对角尺寸			
	开槽或内凹槽的宽度			
	开槽式内凹槽深度			
	十字槽插入深度			
	头下圆角半径		R 样板规	
	螺纹通规		游标卡尺	
	螺纹止规			
	螺纹大径			
	销、铆钉的直径			
	垫圈、挡圈的内外径			
	销的锥度			
钢丝绳	钢丝绳直径	目测法	带有宽钳口的游标卡尺	
	股丝数			
	外观			
	捻距		量尺	
	抗拉强度		拉力试验机	
电气绝缘材料	绝缘电阻	高阻计法、检流计法	高阻计、直流复射式检流计附直流电源稳压装置、电板、烘箱、千分尺	

检验类别	检验内容	检验方法	检验工具	备注
电气绝缘材料	介电强度		50kV、100kV 试验变压器，附控制装置、千分尺、加热油槽、烘箱、标准电极	
	损耗因素及相对介电系数	薛令电桥法、高频率电桥法	QS 型电容电桥、高频 Q 表或其他高频损耗测试设备、电热烘箱、恒温水浴或浸水用容器	
	厚度		千分尺	
	密度	重量法、比重瓶法	比重瓶	
	吸水度	吸水量		
	硬度		硬度计	
	黏度	测量定量试样在一定温度（标准规定）下从规定黏度计漏嘴孔中流出的时间	黏度计	
	拉伸（抗张）强度与伸长率		材料试验机、夹具、千分尺	
	压缩强度		材料试验机	
	抗弯强度		通用材料试验机、试验夹具，压头尺寸为 R5，老化试验加热烘箱，试样转移装置，热电偶（测试样温度）	
	冲击值	悬臂梁法	悬臂梁冲击试验机、简支梁冲击试验机	
		简支梁法		
	压缩强度		材料试验机、夹具、千分尺	
	云母含量			
	固体量		烘箱、量具	
	耐热性			
	耐燃性		燃烧试验装置、本生灯、燃烧源	
	剥离强度	拉力试验法		
	绝缘物的酸价，有机酸含量或酸碱性	化学试验法		

附录 2　工程装备质量检验常用工具

工具类型	工 具 名 称
材料	紫外线光源、滤光片和荧光物、渗透液、显色剂、磁粉、水或煤油、压缩空气、喷罐、荧光液、荧光照射设备、压力气体、压缩气体、1%氨气的压缩空气、在 5%硝酸水溶液中浸过的纸条或绷带、直流电源、直流电源稳压装置、低温箱、高温箱、可变电阻、指示灯、棉纱、电板、烘箱、本生灯、燃烧源
量具	表面粗糙度比较样块、测力计、游标卡尺、带有宽钳口的游标卡尺、直角尺、角度尺和卡钳、多用盒尺、平尺（或刀口尺）、方箱、平行度测量架、专用测具或量规、带刻度外卡钳、专用样板、极限卡板、标准压力表、标准温度计、标准转速表、标准车速里程表、标准电流表、轮胎气压表、电压表、电流表、扭矩扳手、钢卷尺、R 样板规、千分尺、比重瓶、Shore 硬度表、黏度计
仪器仪表	磁粉探伤仪，脉冲反射式超声波探伤仪，JCD 电法铸件表面粗糙度测量仪，三坐标测量仪，水平仪，肉眼或 10 倍以下的低倍放大镜，金相显微镜，硬度计或硬度机，望远镜，内孔管道镜，照相机，光泽仪，橘皮仪，色差仪，粗糙度仪，磨损试验机，转速表电子校验台，车速里程表电子校验台，转矩测量专用装置，拉力试验机，电压降试验台，直流电力测功器，红外线分析仪，活塞漏气量测量仪，高阻计，直流复射式检流计，50kV、100kV 试验变压器，附控制装置，千分尺，加热油槽，烘箱，标准电极；QS 型电容电桥，高频 Q 表或其他高频损耗测试设备，电热烘箱，恒温水浴或浸水用容器；材料试验机，悬臂梁冲击试验机，简支梁冲击试验机

附录 3　某型轮式挖掘机大修修竣质量检查验收方法

序号	检验项目	检 验 方 法	检 验 工 具	技 术 要 求
一	静态检查			
1	整机清洁性	视觉检查法		整机清洁，无锈蚀、污物等痕迹
2	装配完整性和正确性	视觉检查法		整机装配正确、完整、有序，不得有错装、漏装、扭曲现象；代装、改装符合有关要求
3	驾驶室	淋雨试验	淋雨房（可用高压冲洗水枪代替）	门窗启闭灵活、闭合严密、锁止可靠、缝隙均匀、不松旷；门锁及内外把手齐全，玻璃升降（移动）灵活，密封条齐全完好；雨刮器工作正常、摆动灵活、均匀，驾驶座牢固可靠，调整灵活；空调工作正常
4	铭牌及标识	视觉检查法		原厂铭牌、标识及大修铭牌齐全、符合规定要求
5	紧固件	视觉检查法、工具试扭法	扭力扳手	牢固可靠，不得有松动、脱落、缺损现象

续表

序号	检验项目	检验方法	检验工具	技术要求
6	润滑装置（油嘴）	视觉检查法		各部油嘴安装正确、齐全、有效，油脂添加符合规定
7	油液规格及添加量	视觉检查法、仪器检验法	黏度计	润滑油、液压油规格及添加量符合规定，并有警示标志
8	全车管路	视觉检查法		油管规格、型号符合要求，连接处无扭曲、长短适当、固定可靠、走向合理；无老化裂纹现象；液压油管钢丝护圈符合要求
9	全车线路	视觉检查法、绝缘电阻试验	欧姆表、兆欧表	各种线路布置合理，接头牢固、连接正确、固定可靠，无裸露、破损老化、漏电现象，线束整齐，铁板穿孔处垫加橡胶衬套
10	照明及信号	视觉检查法、操作检验法	灯光调试仪	照明及各种信号装置齐全、有效
11	仪表、仪表盘	视觉检查法、基本误差试验、指针响应试验	标定仪表试验台	电子监测系统，组合开关，各指示开关，装配齐全、完好、有效，符合要求；仪表盘平整美观
12	涂装质量	厚度检验、结合强度检验	涡流测厚仪、栅格刀	喷漆颜色协调均匀，漆层无裂纹、剥落、起泡、流痕、皱纹等缺陷；整机各部分涂以规定涂装，不得有漏喷、混喷、错喷现象
13	焊接质量	视觉检查法、荧光探伤法、磁粉探伤法	荧光液、荧光照射设备；磁粉、磁粉探伤仪	焊缝平整、光滑，无漏焊、夹渣、裂纹等焊接缺陷，牢固可靠
14	钣金件	视觉检查法	眼睛	平整，无明显变形
15	操纵装置	视觉检查法、操作检验法、踏板行程检验、踏板力检验	踏板行程检验仪、踏板力检验仪	先导开关、换挡手柄、制动踏板、行走踏板、操作手柄、制动手柄灵活可靠，无卡滞、费力现象；行走踏板、制动踏板最大的力不大于294N
16	轮胎、前束	视觉检查法、轮胎气压检验、轮胎前束检验	卷尺、轮胎气压表、轮胎前束检验仪	轮胎安装正确，后轮内侧轮人字形向前，外侧轮人字形向后，气压符合要求，轮胎气压0.5MPa，前束为5～15mm

续表

序号	检验项目	检 验 方 法	检 验 工 具	技 术 要 求
17	皮带及皮带轮	视觉检查法、皮带松紧检验、皮带轮偏差检验	卷尺、测力计、皮带轮偏差激光测量仪	风扇、发电机皮带在 20～50N 作用下下垂量为 10～15mm。曲轴皮带轮、风扇皮带轮、张紧皮带轮、发电机皮带轮在同一平面上，偏差不超过 2mm
18	工作装置	视觉检查法		无缺损、变形，无松旷
19	蓄电池	视觉检查法		蓄电池外部应清洁，外壳、极柱完好无损、接线紧固
二	空载运转检查			
1	电气系统	视觉检查法、起动机性能测试、发电机性能测试	万能电气设备试验台、灯光调试仪	各指示灯、照明灯工作正常；电气设备工作正常；起动、充电正常；监测系统显示正常
2	柴油机起动性能	起动性能试验	电流表带分流器、电压表、发动机转速表、温度计、热电偶、电解液比重计、气压、湿度、计时器	按规定操作程序柴油机能顺利起动
3	怠速	怠速试验	尾气浓度测量仪、真空度仪、发动机转速表	常温下，柴油机怠速运转稳定，柴油机转速为（900±50）r/min
4	最高转速	视觉检查法	尾气浓度测量仪、真空度仪、发动机转速表、计时器	柴油机最高转速
5	转速稳定性	视觉检查法	尾气浓度测量仪、真空度仪、发动机转速表、计时器	在各种转速下运转平稳
6	机油压力	视觉检查法		柴油机中速以上运转，机油压力为 0.2～0.4MPa
7[①]	柴油机功率	功率试验	尾气浓度测量仪、真空度仪、发动机转速表、计时器、发动机功率试验台、天平、盛器	柴油机额定功率
8	响声	视觉检查法、听觉检查法		空运转过程中，机体各部件无异响

序号	检验项目	检验方法	检验工具	技术要求
9	排气烟色	视觉检查法		在正常工作温度下，柴油机排烟为无色或浅灰色
10	转向系统压力	转向液压系统压力检查	液压表	符合规定要求。转向系统压力为 (9±1)MPa
11	液压系统压力	工作和回转液压系统压力检查	液压表	系统压力正常，工作压力为 (30±0.5)MPa，回转压力为 (24±0.5)MPa
12	制动油压及系统密封性	先导系统压力检查	液压表	具有良好的制动性，制动稳定，制动时不应有明显跑偏现象，前后桥的制动力分配合理，操作轻便，制动油压应为4MPa
13	回转速度	回转速度试验	测速仪、计时器	符合技术性能要求。转盘回转速度为15r/min。操纵杆（手柄）回位后，转盘能立即停止转动，马达无异响
三	行驶检查			
1	操纵性	操作检验法		操作灵活，可靠，无脱挡、跳挡、卡挡现象
2[①]	行车制动	操作检验法、制动性能试验	测速仪、制动距离测定仪、风速仪	操作灵活，制动距离符合要求，车速30km/h，制动距离不大于15m
3	驻车制动	驻车检验	测力计、秒表、经纬仪、测温仪、牵引设备、拉力计	在15°坡道上驻车有效，无滑移
4[①]	转向性能	技术状况行驶检查	测速仪、制动距离测定仪、风速仪	转向轻便、灵活、可靠；直线行驶不跑偏
5	行驶速度	技术状况行驶检查	测速仪、制动距离测定仪、风速仪	最高行驶速度
6	爬坡性能	爬陡坡试验	秒表、钢卷尺、标杆、发动机转速表、坡度仪	最大爬坡度
四	作业检查			
1	响声、温度	视觉检查法		作业过程中运行正常，无异常现象和响声，温度正常。机油温度不超过90℃，变速箱、前后桥、轮边减速器壳体温度不超过65℃，水温不超过95℃

续表

序号	检验项目	检验方法	检验工具	技 术 要 求
2①	工作装置动作时间	工作装备响应试验	工作装备动作响应测试仪	提升速度大于 0.32m/s，回转制动可靠
3	工作装置工作情况	视觉检查法		操纵灵便，调整臂，动臂，斗杆，挖斗，支腿及转台运动平稳；连接销轴无松旷
4①	作业率	视觉检查法		在 Ⅱ 级土壤进行 1h 作业，挖掘机 90°回转，作业率为 180m³/h
5	整机密封性	视觉检查法		在作业检查过程中，无漏油、漏水、漏气现象
6	静沉降	液压油缸沉降试验	液压油缸沉降测试仪	符合要求。挖掘机挖斗满载，大臂升到最高位置，在 10min 内自动沉降量不大于 35mm

①　指关键项目。

附录 4　某型轮式挖掘机大修修竣质量检查验收评定细则

序号	检验项目	技 术 要 求	分值	扣 分
一	修理技术文档检查		10	
1	工程装备大修入厂交接检验表	送修装备技术状况及故障现象描述清楚，缺损件记录及接收手续齐全，填写完整	1	一处不规范扣 0.3 分，三处以上不得分
2	柴油机修理过程检验单	拆检、修理记录单、喷油泵、机油泵试验、调校检验工艺单，整机冷磨、热磨、性能试验工艺单等齐全，填写完整	1	缺一份扣 0.6 分，一处不规范扣 0.3 分
3	液压系统修理过程检验单	拆检、修理记录单、液压泵、液压马达、液压缸、阀等调校及试验工艺单等齐全，填写完整	1	
4	行走及传动系统修理过程检验单	拆检、修理记录单、前后桥磨合（调试）及试验工艺单等齐全，填写完整	1	
5	电气系统修理过程检验单	拆检、修理记录单、发电机等部件调校及试验工艺单等齐全，填写完整	1	
6	工作装置修理过程检验单	拆检、修理记录单齐全，填写完整	1	
7	车体与附件修理过程检验单	拆检、修理记录单齐全，填写完整	1	

序号	检验项目	技术要求	分值	扣分
8	工程装备修竣检验单	修竣后技术状况、检验记录、检验结论填写完整、正确	1	一处不规范扣0.3分，三处以上不得分
9	修理技术档案	齐全，填写完整	1	
10	工程装备大修合格证	手续齐全，有磨合期、保修期规定	1	
二	静态检查		20	
1	整机清洁性	整机清洁，无锈蚀、污物等痕迹	1	一处缺陷扣0.3分，三处以上不得分
2	装配完整性和正确性	整机装配正确、完整、有序，不得有错装、漏装、扭曲现象；代装、改装符合有关要求	1	
3	驾驶室	门窗启闭灵活、闭合严密、锁止可靠、缝隙均匀、不松旷；门锁及内外把手齐全，玻璃升降（移动）灵活，密封条齐全完好；雨刮器工作正常，摆动灵活、均匀，驾驶座牢固可靠，调整灵活；空调工作正常	1	
4	铭牌及标识	原厂铭牌、标识及大修铭牌齐全、符合规定要求	1	
5	紧固件	牢固可靠，不得有松动、脱落、缺损现象	1	
6	润滑装置（油嘴）	各部油嘴安装正确、齐全、有效，油脂添加符合规定	1	
7	油液规格及添加量	润滑油、液压油规格及添加量符合规定，并有警示标志	1	
8	全车管路	油管规格、型号符合要求，连接处无扭曲，长短适当，固定可靠，走向合理；无老化裂纹现象；液压油管钢丝护圈符合要求	1	
9	全车线路	各种线路布置合理，接头牢固，连接正确，固定可靠，无裸露、破损老化、漏电现象，线束整齐，铁板穿孔处垫加橡胶衬套	1	
10	照明及信号	照明及各种信号装置齐全、有效	1	
11	仪表、仪表盘	电子监测系统，组合开关，各指示开关，装配齐全、完好、有效，符合要求；仪表盘平整美观	1	

续表

序号	检验项目	技术要求	分值	扣分
12	涂装质量	喷漆颜色协调均匀，漆层无裂纹、剥落、起泡、流痕、皱纹等缺陷；整机各部分涂以规定涂装，不得有漏喷、混喷、错喷现象	1	一处缺陷扣0.3分，三处以上不得分
13	焊接质量	焊缝平整、光滑，无漏焊、夹渣、裂纹等焊接缺陷，牢固可靠	1	
14	钣金件	平整，无明显变形	1	
15	操纵装置	先导开关、换挡手柄、制动踏板、行走踏板、操作手柄、制动手柄灵活可靠，无卡滞、费力现象；行走踏板、制动踏板最大的力不大于294N	2	一处缺陷扣0.6分，三处以上不得分
16	轮胎、前束	轮胎安装正确，后轮内侧轮人字形向前，外侧轮人字形向后，气压符合要求，轮胎气压0.5MPa，前束为5～15mm	1	一处不符合要求扣0.3分，三处以上不得分
17	皮带及皮带轮	风扇、发电机皮带在20～50N作用下下垂量为10～15mm。曲轴皮带轮、风扇皮带轮、张紧皮带轮、发电机皮带轮在同一平面上，偏差不超过2mm	1	
18	工作装置	无缺损、变形，无松旷	1	
19	蓄电池	蓄电池外部应清洁，外壳、极柱完好无损、接线紧固	1	
三	空载运转检查		30	
1	电气系统	各指示灯、照明灯工作正常；电气设备工作正常；起动、充电正常；监测系统显示正常	2	不符合要求不得分
2	柴油机起动性能	按规定操作程序柴油机能顺利起动	2	一次起动不成功扣1分，三次起动不成功不得分
3	怠速	常温下，柴油机怠速运转稳定，柴油机转速为（900±50）r/min	2	怠速不稳扣1分，怠速不符合标准不得分
4	最高转速	6CTA8.3-C柴油机最高转速2200r/min	2	
5	转速稳定性	在各种转速下运转平稳	2	不符合要求不得分
6	机油压力	柴油机中速以上运转，机油压力为0.2～0.4MPa	3	

序号	检 验 项 目	技 术 要 求	分值	扣 分
7①	柴油机功率	6CTA8. 3-C 柴油机额定功率 172kW	5	额定功率不低于标定值的90%，此项不符合要求，则整机为不合格，不得分
8	响声	空运转过程中，机体各部件无异响	2	不符合要求不得分
9	排气烟色	在正常工作温度下，柴油机排烟为无色或浅灰色	2	有持续冒白烟、蓝烟或黑烟现象该项不得分
10	转向系统压力	符合规定要求。转向系统压力为（9 ± 1）MPa	2	低于标准 1MPa 扣 1 分，低于标准 2MPa 不得分
11	液压系统压力	系统压力正常,工作压力(30 ±0.5)MPa,回转压力（24 ±0.5）MPa	2	低于标准 0.5MPa 扣 1.5分，低于标准 1.5MPa 不得分
12	制动油压及系统密封性	具有良好的制动性，制动稳定，制动时不应有明显跑偏现象，前后桥的制动力分配合理，操作轻便，制动油压应为4MPa	2	制动气压不符合要求扣 2 分，有漏气现象扣 2 分
13	回转速度	符合技术性能要求。转盘回转速度为15r/min。操纵杆（手柄）回位后，转盘能立即停止转动，马达无异响	2	回转速度不够扣 1.5 分，马达有异响扣 1 分
四	行驶检查		20	
1	操纵性	操作灵活，可靠，无脱挡、跳挡、卡挡现象	3	操作不灵活扣 2 分、动作沉重、发卡扣 2 分
2①	行车制动	操作灵活，制动距离符合要求，车速30km/h，制动距离不大于 15m	5	此项不符合要求，则整机不合格，不得分
3	驻车制动	在 15°坡道上驻车有效，无滑移	2	不符合要求不得分
4①	转向性能	转向轻便、灵活、可靠；直线行驶不跑偏	5	此项不符合要求，则整机不合格，不得分
5	行驶速度	最高行驶速度为50km/h	3	最高时速低于标准速度1km/h 扣 1.5 分，低于标准速度 2km/h 不得分
6	爬坡性能	最大爬坡度为25°	2	不符合要求不得分

续表

序号	检验项目	技术要求	分值	扣分
五	作业检查		20	
1	响声、温度	作业过程中运行正常，无异常现象和响声，温度正常。机油温度不超过90℃，变速箱、前后桥、轮边减速器壳体温度不超过65℃，水温不超过95℃	4	有异常现象扣1~2分，温升不正常一项扣2分
2①	工作装置动作时间	提升速度大于0.32m/s，回转制动可靠	4	不符合要求不得分
3	工作装置工作情况	操纵灵便，调整臂，动臂，斗杆，挖斗，支腿及转台运动平稳；连接销轴无松旷	1	一项不符合要求扣0.5分
4①	作业率	在Ⅱ级土壤进行1h作业，挖掘机90°回转，作业率为180m³/h	5	低于标准作业率5%扣1.5分，低于20%判整机不合格，不得分
5	整机密封性	在作业检查过程中，无漏油、漏水、漏气现象	3	漏油、漏水、漏气视严重程度扣1~2分
6	静沉降	符合要求。挖掘机挖斗满载，大臂升到最高位置，在10min内自动沉降量不大于35mm	3	超出标准1mm扣0.5分

① 指关键项目。

附录 5　某型履带式推土机大修修竣质量检查验收方法

序号	检验项目	技术要求	标准分值	检验方法
一	静态检查		25	
1	整机清洁性	整机清洁，无锈蚀、污物	1	官能检验
2	涂装质量	整机涂装均匀，无裂痕，无机械杂质，色泽一致，无漏喷、混喷、颜色分明；对经常需要检查的油塞和油尺涂装红色警示标志	1	官能检验、厚度检验、结合强度检验
3	铭牌及标识	原厂铭牌、标识及大修铭牌齐全、标识清楚	1	官能检验
4	装配	整机装配正确、完整、有序，不得错装、漏装、代装	1	

续表

序号	检验项目	技　术　要　求	标准分值	检验方法
5	整机管路	油管规格型号符合要求，走向合理，固定可靠	1	官能检验
6	整车线路	线束整齐，布置合理，连接正确，接头牢固；铁板穿孔处必须垫有橡胶管套	1	
7	油脂压注油杯、放水（油）开关、通气装置	压注油杯（黄油嘴）安装正确、有效；各放水（油）开关密封良好无滴漏；各通气装置（孔）通气通畅	1	
8	油液及润滑脂	机油、液力传动油、齿轮油、润滑脂牌号及添加量符合规定，并有警示标志	1	
9	照明及信号	照明及各种信号装置齐全有效	1	
10	仪表盘、仪表	仪表盘平整美观，仪表装配齐全、完好有效，量程符合要求	1	官能检验、基本误差试验、指针响应试验
11	驾驶室	门窗启闭灵活、闭合严密、锁止可靠、不松旷；门锁及附件齐全，门窗玻璃密封条齐全完好；刮水器工作正常，摆动灵活、均匀；驾驶座完好无损，调整灵活、锁紧可靠	1	官能检验、淋雨试验
12	焊接质量	焊缝平整、光滑，无漏焊、夹渣、裂纹等焊接缺陷	2	官能检验、荧光探伤法、磁粉探伤法
13	紧固件	牢固可靠，不得有松动、脱落、缺损现象	1	官能检验、工具试扭法
14	钣金件	外观平整，无明显变形	1	官能检验
15	皮带及皮带轮	风扇皮带、水泵皮带、发电机皮带标准张力；在60N力作用下，其挠度（下垂量）为10mm。皮带轮不对中度在两皮带之间不超过1.60mm/0.3mm	1	皮带松紧检验、皮带轮偏差检验
16	散热器	表面应清洁，管路、接头安装应牢固可靠。加注防冻液的规格及加注量应符合要求	1	官能检验
17	滤清器	空气滤清器滤芯、柴油滤清器、机油滤清器、水滤器应更换	1	
18	作业装置	无缺损、变形、松旷	1	

续表

序号	检验项目	技　术　要　求	标准分值	检　验　方　法
19	操纵装置	变速操纵杆、油门操纵杆、转向手柄、减速踏板、制动踏板操纵灵活可靠。转向手柄行程为 140～150mm；制动踏板的行程为 110～130mm	2	操作检验、踏板行程检验、踏板力检验
20	履带	履带下垂量为 20～30mm；履带板螺栓无松动；履带板、履带节、销套、履带销无严重磨损、裂纹、变形、锁紧销完好；履带板履刺高度不低于 30mm	1	官能检验
21	空调	皮带松紧度适宜，冷凝器、蒸发器表面无积垢，储液罐无气泡，各管路连接牢固可靠	2	官能检验、皮带松紧检验
22	液压绞盘	液压马达和减速器密封良好，钢丝绳规格符合要求、排列有序、润滑良好	1	官能检验
二	空载运转检查		30	
1	起动性能	在不低于 −5℃环境温度时，不采用任何措施，重复起动两次，起动时间每次不超过 15s，每两次之间间隔为 2min，两次中至少应成功一次	2	起动性能试验
2	怠速	怠速应为（600±50）r/min，运转稳定	2	官能检验、怠速试验
3	额定转速	（1800±50）r/min 或（2000±50）r/min	2	官能检验
4	转速稳定性	各种转速下应运转平稳	2	
5	机油压力	正常油压为 0.35～0.48MPa	2	压力检查
6[①]	柴油机功率	162kW/（1800r/min）、169kW/（2000r/min）	3	官能检验、功率试验
7	响声	空运转过程中，主轴承、连杆轴承、活塞与缸壁、活塞销、齿轮及风扇毂轴承、气门、增压器等各部件无异常响声	1	官能检验
8	排气烟色	在正常工作温度下，柴油机排烟为无色或浅灰色	2	
9	转向离合器油压、转向制动器油压	转向回路压力为 1.25MPa，转向制动回路压力为 1.7MPa	2	官能检验、压力检查

序号	检 验 项 目	技 术 要 求	标准分值	检 验 方 法
10	变矩器进、出口压力	变矩器进口压力为 0.85MPa，出口压力为 0.44MPa	2	官能检验、压力检查
11	换挡离合器设定压力	一挡离合器为 1.23MPa，其余各挡为 2.5MPa	2	
12	工作装置压力	系统压力应为 13.7MPa±1.0MPa	2	
13	电气系统	指示灯、照明灯、电气设备工作正常，起动、充电正常，仪表盘显示正常	2	官能检验、起动机性能测试、发电机性能测试
14	空调性能	制冷效果良好，无泄漏	1	官能检验
15	制氧机性能	工作正常，供氧管路无漏气	1	
16	液压绞盘	收放正常，钢丝绳无断丝、变形	1	
17	密封性	空载运转停车后检查，各部无漏油、漏水现象	1	
三	行驶检查		20	
1	操纵性	操纵灵活，动作准确，无沉重、发卡现象	3	操作检验
2①	转向、行驶检查	在平坦路面行驶 50m，不使用转向离合器和转向制动器，跑偏量不大于 0.6m；中央传动无异常响声；拉动一侧转向操纵杆至行程一半位置，能缓慢转向。将一侧转向操纵杆拉制动位置，机械能原地转向；行驶系统各轮转动灵活，履带无啃轨、脱轨现象	6	行驶检查
3	制动性能	同时踩下左右制动踏板，制动可靠；在 30°的坡道上驻车制动，制动有效，无滑移	3	操作检验、制动性能试验
4	行驶速度	最高前进行驶速度为 11.2km/h，最高后退行驶速度为 13.2km/h	3	行驶检查
5	爬坡性能	最大爬坡度为 30°	3	爬陡坡试验
6	密封性	各部位无漏油、漏水现象	2	官能检验
四	作业检查		25	
1	响声、温度	作业过程中运行正常，无异常响声，温升正常。机油温度不超过 100℃，变矩器、变速器油温不超过 110℃，工作油箱油温不超过 70℃，水温不超过 95℃，最终传动壳体温度不超过 65℃	5	官能检验

续表

序号	检验项目	技术要求	标准分值	检验方法
2	作业装置工作情况	操纵灵活，铲刀升降运动平稳，连接销轴不得松旷或卡滞。铲刀切入深度350mm，短距离试验，发动机不熄火，转向离合器不打滑	5	操作检验
3	作业装置动作时间	发动机高速运转，油温40～60℃，推土铲从地面升至最高位置不超过3s	3	操作检验、量具检验
4①	作业率	在Ⅱ级土壤进行2h作业，作业率为290m³/h（20m运距），288m³/h（30m运距）	5	操作检验、量具检验
5	整机密封性	推土作业3h后停车，15min内密封部位不允许漏油、漏水	3	官能检验、操作检验
6	铲刀静沉降	铲刀升到离地300mm高度，在15min内自动沉降量不大于100mm	4	操作检验、量具检验

① 指关键项目。

附录6　某型轮式装载机大修修竣质量检查验收方法

序号	检验项目	技术要求	分值	检验方法
一	静态检查		20	
1	整机清洁性	整机清洁，无锈蚀、污物	1	官能检验
2	装配	整机装配正确、完整、有序，不应有错装、漏装、扭曲变形现象；代装、改装应符合有关要求	1	官能检验
3	驾驶室	门窗启闭灵活、闭合严密、锁止可靠、缝隙均匀、不松旷；门锁及内外把手齐全，玻璃升降（移动）灵活，密封条齐全完好；雨刮器工作正常，摆动灵活，驾驶座牢固可靠，调整灵活，后视镜齐全完好	1	官能检验、淋雨试验
4	铭牌及标识	原厂铭牌、标识及大修铭牌齐全、符合规定要求	1	官能检验
5	紧固件	牢固可靠，不应有松动、脱落、缺损现象	1	官能检验、工具试扭法

续表

序号	检验项目	技术要求	分值	检验方法
6	润滑装置（油嘴）	集中润滑系统工作良好，润滑管路排列有序，无破损、无陡弯、各管路接头无漏油现象，各部油嘴安装正确、齐全、有效	1	官能检验
7	油液	润滑油、液压油、制动液、防冻液（水）规格及添加量符合规定，并有警示标志，拔出油尺检查油位应在中刻线以上；拆下检查螺塞以螺塞孔下方溢油为宜；拆下轮边减速器螺塞，转动轮胎，油平面不低于2/5	1	
8	全车管路	油管规格、型号符合要求，连接处无扭曲，长短适当，固定可靠，走向合理；无腐蚀、裂纹现象；液压油管钢丝护圈符合要求	1	
9	全车线路	各种线路布局合理，接头牢固，连接正确，固定可靠，无裸露、破损老化、漏电现象，线束整齐，铁板穿孔处垫有橡胶衬套	1	
10	照明及信号	照明及各种信号装置齐全、有效	1	
11	仪表、仪表盘	各种仪表装配齐全、完好、有效，量程符合要求；仪表盘平整美观	1	官能检验、基本误差试验、指针响应试验
12	涂装质量	喷漆颜色协调均匀，漆层无裂纹、剥落、起泡、流痕、皱纹等缺陷；整机各部分按规定涂装，不应漏喷、混喷、错喷	1	官能检验、厚度检验、结合强度检验
13	焊接质量	焊缝平整、光滑，无漏焊、夹渣、裂纹等焊接缺陷，焊接处牢固可靠	1	官能检验、荧光探伤法、磁粉探伤法
14	铆接件	铆接件的结合面贴合紧密，铆钉充满钉孔，不松动，不应用螺栓代替，钉头不应有裂纹、歪斜、残缺等现象	1	官能检验
15	钣金件	平整，无明显变形	1	
16	操纵装置	操作手柄、制动踏板、油门踏板、油门拉杆、手制动操纵杆灵活可靠，无卡滞、沉重现象	1	操作检验
17	轮胎	安装正确，气压符合要求，轮胎气压0.37～0.39MPa	1	官能检验、轮胎气压检验

续表

序号	检验项目	技 术 要 求	分值	检 验 方 法
18	皮带及皮带轮	风扇、发电机、空调皮带在 20～50N 作用下下垂量为 5～10mm	1	皮带松紧检验、皮带轮偏差检验
19	作业装置	无缺损、变形，无松旷	1	官能检验
20	蓄电池	蓄电池外部整洁，外壳、极柱完好无损，连接线固定可靠	1	
二	空载运转检查		30	
1	电气系统	各指示灯、照明灯工作正常；电气设备工作正常；起动、充电正常；各仪表显示正常	2	官能检验、起动机性能测试、发电机性能测试
2	柴油机起动性能	常温下一次起动≤成功（3～5s）	2	起动性能试验
3	怠速	常温下，柴油机怠速运转稳定，其转速为 650～750r/min	2	官能检验、怠速试验
4	最高转速	最高转速 2350r/min	2	官能检验
5	转速稳定性	柴油机在各种转速下运转平稳	2	
6	机油压力	额定转速时柴油机油压力应为 0.207～0.276MPa，怠速时柴油机油压力应大于 0.069MPa	3	
7①	M11 型柴油机功率	柴油机额定功率为 168kW（额定转速 2100r/min）	4	官能检验、功率试验
8	响声	空运转过程中，柴油机各部位无异常响声	3	官能检验
9	排气烟色	在正常工作温度下，柴油机排烟为无色或浅灰色	2	
10	转向系统	方向盘操纵力矩不大于 4.9N·m，检查方向盘的自由转角左右不大于 9°，为防止过载，系统最高压力（15±0.5）MPa	2	官能检验、压力检查
11	液压系统压力	系统工作压力为（16±0.5）MPa	2	
12	制动气压及系统密封性	制动气压在 0.69～0.82MPa，在气压 0.60MPa 时，制动踏板踏到底，气压稳定后观察，5min 内气压不下降，各处不漏气、不漏油	2	

序号	检验项目	技　术　要　求	分值	检　验　方　法
13	空调系统	压缩机、冷凝器、储液器、膨胀阀、蒸发器工作正常，制冷、供暖效果明显，无漏气、漏氟现象	2	官能检验
三	行驶检查		25	
1	操纵性	操作灵活，可靠，无脱挡、跳挡、卡挡现象	5	操作检验
2①	行车制动	操作灵活，制动距离符合要求，车速30km/h，制动距离不大于10m	5	操作检验、制动性能试验
3	驻车制动	在10°以内的坡道上驻车有效，无滑移	3	驻车检验
4①	转向性能	车速 20～30km/h，行驶100m，应不偏于一部机械宽（3.09m），正常道路行驶中低速不沉重，高速行驶不发飘，左右转向力矩应一致	4	行驶检查
5	行驶速度	挂挡后起步迅速，各挡速度应达到规定值（前进、倒挡相同）：Ⅰ、Ⅱ、Ⅲ、Ⅳ挡分别为 7km/h、14km/h、30km/h、50km/h，闭锁挡为55km/h	4	
6	爬坡性能	最大爬坡度为25°	4	爬陡坡试验
四	作业检查		25	
1	响声、温度	作业过程中各传动部位运转正常，无异常现象和异常响声，温度正常。柴油机水温不超过 90℃；油温不超过 100℃；变矩器（变速箱）油温不超过 110℃，液压系统油温不超过 90℃	5	官能检验
2	作业装置动作时间	装载机动臂提升时间不大于6.5s	3	工作装备响应试验
3	作业装置工作情况	操纵灵便，动臂、铲斗动作灵活，平稳；连接销轴应不松旷	4	
4①	作业率	在Ⅱ级土壤进行 1h 作业，标准型：运距 50m，运量 120m³/h，高原型：运距 50m，运量 170m³/h	5	官能检验
5	整机密封性	在检查过程中，无漏油、漏水、漏气现象，作业结束熄火 10min 后，漏油不超过 2 滴	3	

续表

序号	检验项目	技术要求	分值	检验方法
6	静沉降	动臂、铲斗沉降量 15min 内不大于 10mm	3	液压油缸沉降试验
7	热平衡系统	热平衡系统工作正常，能满足机械全工况行驶和作业散热性能要求	2	官能检验

① 指关键项目。

参 考 文 献

[1] 董鹏，罗朝晖. 质量检验技术［M］. 北京：国防工业出版社，2015.

[2] 朱军，戈国鹏，冉广仁，等. 汽车维修质量检验［M］. 北京：北京出版社，2014.

[3] 郭兆松. 汽车发动机构造与维修［M］. 武汉：华中科技大学出版社，2018.